测量学基础与矿山测量实训教程

主　编　刘　伟　谢峰震
编　者　刘　伟　谢峰震
　　　　王治中　石　磊
　　　　杨宗定　黄元荣

西北工业大学出版社

【内容简介】 本书是《测量学基础与矿山测量》(蔡文惠主编，西北工业大学出版社2010年出版)的配套学习指导书。全书共分三章：第一章为测量实训须知，对学生参与实训，提出最基本的要求；第二章为具体的测量课堂实训，根据不同的测量仪器和测量方法以及不同的专业，共编写了37个测量课堂实训；第三章为测量教学综合实训，包括图根控制测量、施工测量等。

本书可作为测量专业的教学辅助教材，其他专业可根据需要选择适宜的测量课堂实训进行练习，或根据教学内容和仪器设备条件灵活安排。

图书在版编目(CIP)数据

《测量学基础与矿山测量》实训教程/刘伟，谢峰震主编．—西安：西北工业大学出版社，2011.3(2015.1重印)

ISBN 978-7-5612-3017-6

Ⅰ.①测… Ⅱ.①刘… ②谢… Ⅲ.①测量学—高等学校—教学参考资料②矿山测量—高等学校—教学参考资料 Ⅳ.①P2②TD17

中国版本图书馆CIP数据核字(2011)第023612号

出版发行：西北工业大学出版社
通信地址：西安市友谊西路127号 **邮编**：710072
电　　话：(029)88493844　88491757
网　　址：www.nwpup.com
印 刷 者：陕西省富平县万象印务有限公司
开　　本：787 mm×1 092 mm　1/16
印　　张：8.625
字　　数：206千字
版　　次：2011年3月第1版　2015年1月第3次印刷
定　　价：16.00元

前　言

测量课程是一门操作性很强的技术性课程，作为测量理论知识的重要补充，测量实训必不可少，因此，编写一本测量实训指导书十分必要。

本书是笔者多年的测量课程和测量实践课程教学的结晶，针对不同的专业课程学时及实训时间的差异，将测量课堂实训和测量综合实训结合起来，编写了详细的测量实训内容，包括测量实训须知、测量课堂实训、测量教学综合实训等，并且根据实训的需要，还将实训过程中所须用的实训表格单独罗列出来，以方便学生使用，具有很强的实践性。

本书可作为测绘、地质、采矿、建筑、安全通风等专业的学生学习测绘知识的实训教材，也可供企事业单位从事测绘工作人员参考。

本书编写人员具体分工如下：刘伟，昌吉市地质矿产监测服务中心，编写第二章（实训一～十五）；谢峰震（新疆工业高等专科学校）编写第二章（实训十六～三十）；王治中（乌鲁木齐鑫疆域测量技术服务有限公司）编写第一章；石磊（新疆工业高等专科学校）编写第二章（实训三十一～三十七）；梅宗定（阿克苏市时代规划设计院有限责任公司）编写第三章；黄元荣（乌鲁木齐鑫疆域测量技术服务有限公司）编写附录。

由于水平有限，难免存在不足之处，敬请读者批评指正。

编　者

2010 年 12 月

目　录

第一章　测量实训须知

测量工作是一项集体性工作，任何人是很难单独完成的。因此，测量实训必须以小组为单位进行。实训前，各小组成员要认真阅读实训须知与实训内容，做好实训准备工作；实训时，要做到积极参与、相互配合、共同完成；实训后，要认真整理实训成果、积极思考，巩固课堂理论知识。

第一节　测量实训的目的和要求

测量实训一方面是为了验证、巩固课堂所学的知识；另一方面是熟悉测量仪器的构造和使用方法，培养学生进行测量工作的基本操作技能，使学到的理论与实践紧密结合。在实训课前，应复习教材中的有关内容，认真仔细地预习实训内容，明确实训目的、要求、方法、步骤及注意事项，以保证按时完成实训任务。

实训按小组进行，组长负责组织和协调实训工作，办理仪器工具的借领和归还手续。每人都必须认真、仔细地操作，培养独立工作能力和严谨的科学态度，同时要发扬互相协作精神。实训应在规定时间内进行，不得无故缺席或迟到早退，不得擅自改变地点或离开现场。实训过程中或结束时，发现仪器工具有遗失、损坏情况，应立即报告指导教师，同时要查明原因，根据情节轻重，给予适当赔偿和处理。

实训结束时，应提交书写工整、规范的实训报告和实训记录，经实训指导教师审阅同意后，方可交还仪器工具，结束实训工作。

第二节　测量实训的分类

测量实训主要有两种类型：课堂实训（包括认识实训、观测方法实训）、教学综合实训。

一、认识实训

认识和熟悉测量仪器的构造和运转原理。测量仪器是结构复杂、装配精密的仪器。各轴系间、各部件间的几何关系要求十分准确。稍微改变，就会使仪器的精度降低，有时甚至无法使用。仪器上有许多螺丝和螺旋，有许多光学玻璃组成的透镜和棱镜，这些部件很容易损坏，所以必须熟悉它们的用途、功能、相互关系和操作要领。认识实训就是使同学们知道测量仪器的构造、使用方法，并知道爱护测量仪器和测量工具。

认识实训可按先示范后练习的顺序进行。

1. 教师示范

示范前应先学习操作规则及注意事项，后安放三脚架，开启仪器箱取出仪器，这时每位同学都应记住仪器在箱内的安放样式，再把仪器固定在三脚架上。认真听教师讲解仪器的构造，各部件的功能、用途以及使用方法，最后由教师进行示范操作。

注意：教师讲解时，一定要简单明了；操作时，要层次分明，细致准确。

2. 学生练习

学生每 3～5 人为一小组，每组用一台仪器进行练习。要求每个学生练习两次以上。通过练习，掌握如何正确地从箱中取放仪器，如何安置仪器，如何操作仪器，各部件和每个螺丝、螺旋的名称、作用，如何搬运仪器，等等。

二、观测方法实训

这类实训包括距离丈量、水准观测、经纬仪测量、距离放样、导线测量等。

1. 距离丈量

距离丈量，就是确定两点间的水平距离，又称边长丈量（简称量边），是测量工作中最基本的测量操作之一。丈量的方法有尺子直接丈量、视距测量、激光测距等。我们主要是练习用尺子直接丈量的方法。练习时，应先从设点、直线定线开始。教师讲解放尺、收尺的方法和丈量距离时的注意事项，并对记录的要求进行说明。然后，学生每 4～5 人为一作业组进行丈量。要求作往返丈量，轮流担任量尺员和记录员。最后，以作业组为单位，求出直线的平均水平距离和相对中误差。

2. 水准测量

水准测量是高程测量的主要手段。通过水准测量方法的实训，同学们应掌握水准测量原理，了解水准管轴和视准轴的关系，熟悉水准仪的整平、瞄准、对光以及设点、立尺、读数的方法。在教师做出示范，讲明注意事项以后，学生每 4～5 人为一小组进行练习。要求每人完整地测量两次以上，轮流做记录员，按正确格式做好记录。最后写出实训报告。

3. 经纬仪测量

为了确定直线的方向，须作水平角测量；为了把倾斜边长换算成水平边长以及用三角高程测量确定两点间高差，须作竖直角（或称倾斜角、倾角）测量。工程测量中，经纬仪是测水平角和竖直角的主要仪器。

经纬仪观测方法实训前，学生应复习经纬仪的结构，各种螺丝、螺旋的作用，观测步骤等内容。必须反复强调：经纬仪属精密光学仪器，要轻拿轻放，操作顺序必须正确，不准用力过猛、动作过快。老师做完讲解与示范表演后，同学方可操作。实训中观测、记录等分工，应轮流担任。认真做好记录，随时对照限差进行检查，发现超限成果应及时处理，以免影响后续工序质量，造成大返工，以致完不成实训任务。最后，全组共同整理记录，分别编写自己的实训报告。

三、教学综合实训

教学综合实训，即集中时间到野外（或现场）进行实战练习。有条件时可承担生产任务。这类实训包括地形图控制测量、碎步测量、地质工程测量、横断面测量等。这些实训，工作量大，环节多，时间性强，因此要求事先做好充分准备，组织要严密，分工要明确，实训带队教师要及时指导、检查、把关。要求学生充分复习课程的有关内容，学习作业规程（规范），严格按规程（规范）作业。最后要写出实训报告。

第三节　测量仪器工具的借领与使用规定

对测量仪器工具的正确使用、精心爱护和科学保养，是测量人员必须具备的素质和应该掌握的技能，也是保证测量成果质量、提高测量工作效率和延长仪器工具使用寿命的必要条件。在仪器工具的借领与使用过程中，必须严格遵守下列规定。

一、仪器工具的借领

(1)每次实训所需的仪器及工具均在指导书上注明，学生应以小组为单位，在实训前向测量仪器室借领。

(2)借领时，每小组由组长带领1～2人，凭学生证进入仪器室，在指定地点领取，在登记表上填写班级、组别及日期并签名，然后将登记表和学生证交仪器管理人员。

(3)借领时，当场清点检查：实物与清单是否相符、仪器工具及其附件是否齐全、背带及提手是否牢固、脚架是否完好等。如有缺损，可以补领或更换。

(4)离开借领地点之前，必须锁好仪器箱并捆扎好各种工具。搬运仪器工具时，必须轻取轻放，避免剧烈震动。

(5)借出仪器工具之后，不得与其他小组擅自调换或转借。

(6)实训结束后，应及时收装仪器工具，送还测量仪器室检查验收，办理归还手续。如有遗失或损坏，应写出书面报告说明情况，并按有关规定予以赔偿。

二、仪器的安置

(1)在三角架安置稳妥之后，方可打开仪器箱。开箱前应将仪器箱放在平稳处，严禁托在手上或抱在怀里，以免将仪器摔坏。

(2)打开仪器箱之后，要看清并记住仪器在箱中的安放位置，避免实训结束后，因安放不正确而损伤仪器。

(3)从箱内取出仪器之前，应先松开制动螺旋，以免取出仪器时因强行扭转而损坏制动螺旋、微动螺旋甚至损坏轴承。再用双手握住支架和基座，轻轻取出仪器放在三角架上，保持一手握住仪器，一手拧连接螺旋，最后旋紧连接螺旋，使仪器与脚架连接牢固。不能一只手提仪器，更不要手提望远镜。

(4)安置好仪器之后，注意随即关闭仪器箱盖，防止灰尘、湿气和杂草进入箱内。实训过程中严禁坐仪器箱。

三、仪器的使用

(1)仪器安置之后，无论是否操作，必须有人看护，防止无关人员搬弄或行人、车辆碰撞，造成不必要的损坏。

(2)在打开物镜时或在观测过程中，如发现灰尘，可用镜头纸或软毛刷轻轻拂去，严禁用手指或手帕等物擦拭镜头，以免损坏镜头上的镀膜，影响成像质量。观测结束后应及时盖好镜头盖。

(3)转动仪器时，应先松开制动螺旋，再平稳转动。使用微动螺旋时，应先旋紧制动螺旋再微动。

(4)制动螺旋应松紧适度,以其起作用为宜,不能用力太大而造成损坏。微动螺旋和脚螺旋不要旋到顶端,使用各种螺旋都应均匀用力,以免损伤螺纹。

(5)在野外使用仪器时,应该撑伞,严防日晒雨淋。

(6)当仪器发生故障时,应及时向指导教师报告,不得擅自处理。

四、仪器的搬迁

(1)在远距离搬站或行走不便的地区(较大的沟渠,山地、林地等)搬站时,必须将仪器装箱之后再搬迁,切勿直接抱着仪器搬迁。

(2)短距离搬站时,可将仪器连同脚架一起搬迁。其方法是:检查并旋紧仪器连接螺旋,松开各制动螺旋使仪器保持初始位置(经纬仪望远镜物镜对向度盘中心,水准仪的水准器向上);再收拢三脚架,左手握住仪器基座或支架放在胸前,右手抱住脚架放在肋下,保持仪器向上方倾斜,稳步行走。严禁将仪器斜扛在肩上或单手搬动仪器,以防碰摔。

(3)搬迁时,小组其他人员应协助观测员带走仪器箱和其他附件、工具,以防丢失。

五、仪器的装箱

(1)每次使用仪器之后,应及时清除仪器上的灰尘及脚架上的泥土,将物镜盖盖好。

(2)仪器拆卸时,应先将仪器脚螺旋调至中间位置,再一手扶住仪器,一手松开连接螺旋,双手取下仪器。

(3)仪器装箱时,应先松开各制动螺旋,使仪器就位正确,试关箱盖确认放妥后,再拧紧制动螺旋,然后关箱上锁。若合不上箱口,切不可强压箱盖,以防压坏仪器。

(4)清点所有附件和工具,防止遗失。

六、测量工具使用时注意事项

见第二章“测量课堂实训”中的各个实训注意事项。

第四节　测量记录与计算规则

测量记录是外业观测成果的记载和内业数据处理的依据。在测量记录或计算时必须严肃认真,一丝不苟,严格遵守下列规则:

(1)在测量记录之前,准备好硬芯(2H 或 3H)铅笔,同时熟悉记录表上各项内容及填写、计算方法。

(2)记录观测数据之前,应将记录表头的仪器型号、日期、天气、测站、观测者及记录者姓名等无一遗漏地填写齐全。

(3)观测者读数后,记录者应随即在测量记录表上的相应栏内填写,并复诵回报给观测者以资检核。不得另纸记录事后转抄。

(4)记录时要求字体端正清晰,数位对齐,数字对齐。字体的大小一般占格宽的 1/2,字脚靠近底线;表示精度或占位的“0”(例如:水准尺读数 1.500 或 0.234,度盘读数 93°04′00″)均不可省略。

(5)观测数据的尾数不得更改，读错或记错后必须重测重记。例如：角度测量时，秒级数字出错，应重测该测回；水准测量时，毫米级数字出错，应重测该测站；钢尺量距时，毫米级数字出错，应重测该尺段。

(6)观测数据的前几位若出错，则应用细横线划去错误的数字，并在原数字上方写出正确的数字。注意不得涂擦已记录的数据。禁止连环更改数字，例如：水准测量中的黑、红面读数，角度测量中的盘左、盘右，距离丈量中的往、返量等，均不能同时更改，否则重测。

(7)记录数据修改后或观测成果废弃后，都应在备注栏内写明原因（如测错、记错或超限等）。

(8)每站观测结束后，必须在现场完成规定的计算和检核，确认无误后方可搬站。

(9)数据运算应根据所取位数，按“4 舍 5 入和奇进偶不进”的规则进行凑整。例如：对 1.424 4m，1.423 6m，1.423 5m，1.424 5m 这几个数据，若取至毫米位，则均应记为 1.424m。

第五节　测量实训规则

为了提高实习质量，达到实验实习的目的，每次测量实训均应按下列规则进行：

(1)实训前做好预习，认真阅读与理解实训教程和测量教材中的有关内容。对实训中的重点、难点做到心中有数。通过实训，使所学知识学懂会用，融合贯通，能系统、完整地理解。

(2)实训前，以小组为单位，在组长带领下，到仪器室借领仪器、工具和记录、计算用品。各组对借领的物品要认真进行检查、核对，如数量不符或开箱发现问题，要及时与指导教师或仪器室联系、解决。携带仪器时，防止大的颠簸和震动。

(3)实训时，严格遵守纪律，不得迟到、早退和中途随意离开岗位。听从指挥，发扬协作精神，搞好团结。

(4)实训时，精力要集中，科学利用时间，争分夺秒，争取在规定的时间内，完成实训项目。努力争取好的测量成果。严格按照有关的规范和规程作业。绝对不准伪造或抄袭别人的成果。对记录和计算要认真细致地检查，确保测量成果的质量。

(5)爱护测量仪器和工具，轻拿轻放，操作顺序要正确，对仪器要防晒、防淋。仪器箱上不准坐人。标尺、花杆不得用来抬扛物品。标尺不准依靠在墙、树、电杆等依托物上。钢尺不能扭折和平压。收工时应将仪器和工具擦拭干净，不能受潮。爱护测量标志。爱护公共财物，遵守群众纪律。

(6)实训结束时，认真清点测量仪器和工具，及时送还。主动向教师或仪器室说明仪器情况，以便得到妥善处理。

(7)认真做好实训工作日志，编写好实训总结报告。

(8)学生不得无故缺席或迟到、早退。

第二章　测量课堂实训

实训一　微倾式水准仪的认识与使用

一、实训目的

(1)了解 DS3 型水准仪的构造、各部件的作用,掌握其使用方法。

(2)掌握 DS3 型水准仪的操作步骤。

二、仪器与工具

(1)仪器室借领:DS3 微倾式水准仪 1 台,水准仪脚架 1 个,水准尺 1 把,尺垫 1 个,记录板 1 块。

(2)自备:铅笔、草稿纸。

三、实训方法与步骤

1. 指导教师讲解水准仪的构造及技术操作方法

要求熟悉微倾式水准仪构造、各构成部件的名称与作用及各螺旋的调节方法。首先认识水准尺,然后使用仪器的望远镜对水准尺进行读数,掌握毫米位上的估读方法。

2. 安置和粗平水准仪

水准仪的安置主要是整平圆水准器,使仪器大致水平。做法是:选好安置位置,将仪器用连接螺旋安紧在三脚架上,先踏实两脚架尖,摆动另一只脚架,使圆水准器气泡大致居中,然后转动脚螺旋使气泡居中。转动脚螺旋使气泡居中的操作规律是:气泡需要向哪个方向移动,左手大拇指就向哪个方向转动脚螺旋。如图 2-1,气泡偏离在图 2-1(a)所示的位置,首先按箭头所指的方向同时转动脚螺旋①和②,使气泡移到图 2-1(b)所示的位置,即第三个脚螺旋与水准器中心的连线上,再按箭头所指方向转动脚螺旋③,使气泡居中。

3. 用望远镜照准水准尺,并且消除视差

首先用望远镜对着明亮背景,转动目镜对光螺旋,使十字丝清晰可见。然后松开制动螺旋,转动望远镜,利用镜筒上的准星和照门照准水准尺,旋紧制动螺旋。再转动物镜对光螺旋,使尺像清晰。此时如果眼睛上、下晃动,十字丝交点总是指在标尺物像的一个固定位置,即无视差现象,如图 2-2(b)所示。如果眼睛上、下晃动,十字丝横丝在标尺上的读数不唯一,即有错动现象,就说明有视差,即水准尺物像没有呈现在十字丝平面上,如图 2-2(a)所示。若有视差将影响读数的准确性。消除视差时要仔细反复调节物镜对光螺旋和目镜对光螺旋,使水准尺成像和十字丝都非常清晰,这时说明视差已完全消除。最后利用微动螺旋使十字丝精确照准水准尺，即十字丝竖丝位于尺面上。

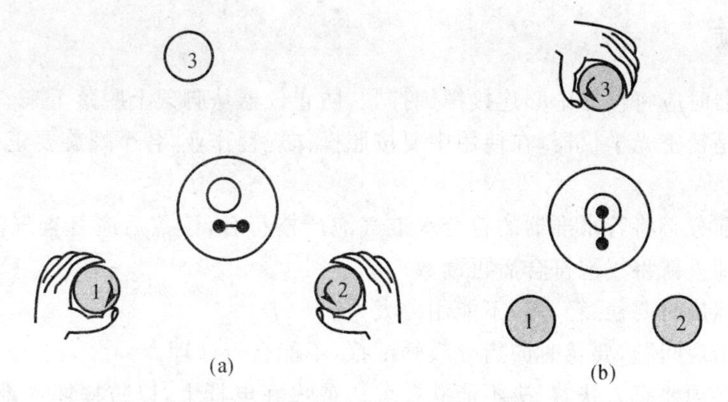

图 2-1　水准仪粗平

(a)气泡向左移动；(b)气泡向上移动

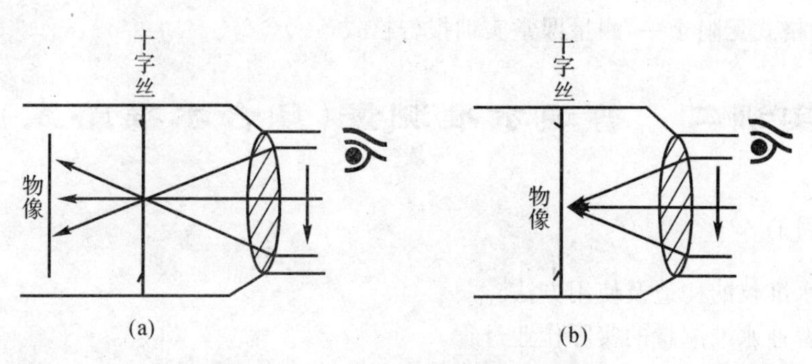

图 2-2　视差判断

(a)有视差现象；(b)没有视差现象

4. 精确整平水准仪

转动微倾螺旋，使管水准器符合水准气泡两端的影像符合，如图 2-3 所示。符合水准器非常灵敏，转动微倾螺旋要稳，慢慢地调节，避免气泡上下不停地错动。

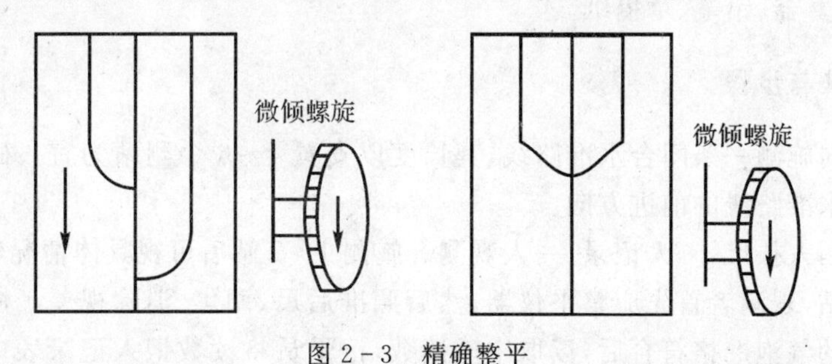

图 2-3　精确整平

5. 读数

以十字丝横丝为准读出水准尺上的数值，读数前，要对水准尺的分划、注记分析清楚，找出最小刻划单位，整分米、整厘米的分划及米数的注记。先估读毫米数，再读出米、分米、厘米数。要特别注意不要错读单位和发生漏“0”现象，如把 1.045 读成 1.45。读数后，应立即查看气泡是否仍然符合，否则应重新使气泡符合后再读数。

四、注意事项

(1)安置仪器时应将仪器中心连接螺旋拧紧，防止仪器从脚架上脱落下来。

(2)水准仪是精密光学仪器，在使用中要按照操作规程作业，各个螺旋要正确使用，尤其避免过量旋转。

(3)在读数前务必将管水准器的符合水准气泡严格符合，读数后应复查气泡符合情况，如气泡错开，应立即重新将气泡符合后再读数。

(4)转动各螺旋时要稳、轻、慢，不能用力太大。

(5)如仪器出现问题，要及时向指导教师汇报，不能自行处理。

(6)水准尺必须要有人扶着，决不能立在墙边或靠在电杆上，以防摔坏水准尺。长时间不用时，应平放在安全的地方，防止行人踩踏和车辆碾压。

(7)各螺旋转到“起作用”即可，切勿继续再转，以防损坏。

实训报告格式见附录一：测量课堂实训报告格式(一)。

实训二　普通水准测量(闭合水准路线)

一、实训目的

(1)熟悉水准仪的构造及使用方法。

(2)学会普通水准测量的实际作业过程。

(3)施测一闭合水准路线，计算其闭合差，并对观测成果进行分析、评价。

二、仪器与工具

(1)仪器室借领：DS3 微倾式水准仪 1 台，水准仪脚架 1 个，水准尺 2 把，记录板 1 块，尺垫 2 个，测伞 1 把，水准测量记录纸 1 张。

(2)自备：计算器、铅笔、草稿纸。

三、实训方法与步骤

(1)全组共同施测一条闭合水准路线，其长度以安置 4～6 个测站为宜。确定起始点并假定其高程，确定水准路线的前进方向。

人员分工：两人扶尺，一人记录，一人观测。施测 1～2 站后可视具体情况轮换工作。

(2)每一测站，观测者首先应整平仪器，然后照准后尺，调焦、消除视差。慢慢转动微倾螺旋，将管水准器的气泡严格符合后，读取中丝读数，记录员将读数记入记录表中。读完后视读数，紧接着照准前尺，用同样的方法读取前视读数。记录员把前、后视读数记好后，应立即计算本站高差 h。

(3)用步骤(2)叙述的方法依次完成本闭合路线的水准测量。

(4)水准测量记录要特别细心，当记录者听到观测者所报读数后，要复诵给观测者，经默许后方可记入记录表中，观测者应注意复核记录者的复诵数字。

(5) 观测结束后，立即算出高差闭合差 $f_h=\sum h_i$。如果 $f_h \leqslant f_{允}$，说明观测成果合格，即可算出各立尺点(即转点) 高程。否则，要进行重测。

四、注意事项

(1) 水准测量工作要求全组人员紧密配合，互谅互让，意见不统一时应相互商量或请教实训指导教师。

(2) 中丝读数一律取 4 位数，即精确到毫米位，记录员也应记满 4 个数字，遇“0”不可省略。

(3) 扶尺者要选择好立尺点，务必将尺扶直，与观测人员配合好。

(4) 水准测量记录中严禁涂改、转抄，不准用钢笔、圆珠笔记录，字迹要工整、清洁。

(5) 每站水准仪应置于距前、后尺距离基本相等处，即前、后视距离基本相等，以消除或减少视准轴不平行于水准管轴的误差及其他误差的影响。

(6) 在转点上立尺，读完上一站前视读数后，在下站的测量工作未完成之前绝对不能碰动尺垫或移动水准尺，以免弄错转点位置导致观测错误。

(7) 为校核每站高差的正确性，应按变换仪器高法进行施测，以求得平均高差值作为本站的高差。

(8) 限差要求：同一测站两次仪器高所测高差之差应小于 5 mm，水准路线高差闭合差的允许值为 $f_{h允}=\pm 40\sqrt{L}$ mm(或 $\pm 12\sqrt{n}$ mm)，其中 L 为水准路线长度，n 为测站数。

实训表格见附表一：等外水准测量记录表。

实训三　普通水准测量(支水准路线)

一、实训目的

(1) 进一步熟悉水准仪的构造及使用方法。

(2) 熟悉普通水准测量的实际作业过程。

(3) 往返施测一支水准路线，计算其闭合差，并对观测成果进行评价。

二、仪器与工具

(1) 仪器室借领：DS3 微倾式水准仪 1 台，水准仪脚架 1 个，水准尺 2 把，记录板 1 块，尺垫 2 个，测伞 1 把，水准记录纸 1 张。

(2) 自备：计算器、铅笔、草稿纸。

三、实训方法与步骤

(1) 全组共同施测一支水准路线，确定起始点并假定其高程，确定水准路线的前进方向。人员分工是：两人扶尺，一人记录，一人观测。施测 1 ～ 2 站后视具体情况轮换工作。

(2) 每一测站，观测者首先应整平仪器，然后照准后尺，对光、调焦、消除视差。慢慢转动微倾螺旋，将管水准器的气泡严格符合后，读取中丝读数，记录员将读数记入记录表中。读完后视读数，紧接着照准前尺，用同样的方法读取前视读数。记录员把前、后视读数记好后，应立即计算本站高差 h。

(3) 用步骤(2) 叙述的方法依次完成本往返水准路线的往测。

(4) 往测最后一个测站，当观测完终点前视读数，开始返测时，应挪动仪器位置后观测终点作为后视读数，再如步骤(2) 所述进行返测。

(5) 水准测量记录要特别细心，记录者听到观测者所报读数后，要复诵给观测者，经默许后方可记入记录表中。观测者应注意复核记录者的复诵数字 。

(6) 观测结束后，立即算出高差闭合差 $f_h = \sum h_{往} + \sum h_{返}$，如果 $f_h \leqslant f_{允}$，说明观测成果合格，即可算出各转点和终点高程。否则，要进行重测。

四、注意事项

(1) 水准测量工作要求全组人员紧密配合，互谅互让，意见不统一时应相互商量或请教实训指导教师。

(2) 中丝读数一律取 4 位数，即精确到毫米位，记录员也应记满 4 个数字，遇“0”不可省略。

(3) 扶尺者要选择好立尺点，务必将尺扶直，与观测人员配合好。

实训表格见附表一：等外水准测量记录表。

实训四　自动安平水准仪的认识与测量

一、实训目的

(1) 熟悉自动安平水准仪的构造。

(2) 学会用自动安平水准仪进行普通水准测量的施测方法。

(3) 施测一较长的闭合水准线路，计算其闭合差，并对观测成果进行评价。

二、仪器与工具

(1) 仪器室借领：DS3 自动安平水准仪 1 台，水准仪脚架 1 个，水准尺 2 把，记录板 1 块，尺垫 2 个，测伞 1 把，水准记录纸 1 张。

(2) 自备：计算器、铅笔、刀片、草稿纸。

三、实训方法与步骤

(1) 全组共同施测一条较长的闭合水准路线，确定起始点并假定其高程，确定水准路线的前进方向。人员分工是：两人扶尺，一人记录，一人观测，视具体情况进行轮换。

(2) 每一测站，观测者首先应粗平仪器，即使圆水准器居中，然后照准后尺，对光、消除视差后，直接读取中丝读数，记录员将读数记入记录表中。读完后视读数，紧接着照准前尺，用同样的方法读取前视读数。记录员把前、后视读数记好后，应立即计算本站高差 h。

(3) 用步骤(2) 叙述的方法依次完成本闭合线路的水准测量。

(4) 水准测量记录要特别细心，记录者听到观测者所报读数后，要复诵给观测者，经默许后方可记入记录表中。观测者应注意复核记录者的复诵数字。

(5) 观测结束后，立即算出高差闭合差 $f_h = \sum h_i$。如果 $f_h \leqslant f_{允}$，说明观测成果合格，即可算出各转点和终点高程。否则，要进行重测。

四、注意事项

(1) 水准测量工作要求全组人员紧密配合，互谅互让，意见不统一时应相互商量或请教实训指导教师。

(2) 中丝读数一律取 4 位数，即精确到毫米位，记录员也应记满 4 个数字，遇“0”不可省略。

(3) 扶尺者要选择好立尺点，务必将尺扶直，与观测人员配合好。

(4) 水准测量记录中严禁涂改、转抄，不准用钢笔、圆珠笔记录，字迹要工整、清洁。

实训表格见附表一：等外水准测量记录表。

实训五　四等水准测量

一、实训目的

(1) 学会用双面水准尺进行四等水准测量的观测、记录、计算方法。

(2) 熟悉四等水准测量的主要技术指标，掌握测站及水准路线的检核方法。

二、仪器与工具

(1) 仪器室借领：DS3 自动安平水准仪 1 台，水准仪脚架 1 个，双面水准尺 2 把，记录板 1 块，尺垫 2 个，四等水准测量记录纸 1 张。

(2) 自备：计算器、铅笔、刀片、计算用纸。

三、实训方法与步骤

(1) 选定一条闭合或复合水准路线，其长度以安置 4～6 个测站为宜。沿线标定待定点的地面标志。

(2) 在起点与第一个立尺点之间设站，安置好水准仪并精确整平后，按以下顺序观测：后视黑面尺，读取下、上、中丝读数；前视黑面尺，读取下、上、中丝读数；前视红面尺，读取中丝读数；后视红面尺，读取中丝读数。

这种观测顺序简称“后 — 前 — 前 — 后”或“黑 — 黑 — 红 — 红”，也可采用“后 — 后 — 前 — 前”的观测顺序。

(3) 各种观测记录完毕应及时计算。

1) 将黑、红面分划读数差(即同一水准尺的黑面读数 + 常数 K − 红面读数) 填入记录表中；

2) 将黑、红面分划所测高差之差填入记录表中；

3）将高差中数填入记录表中；

4）将前、后视距（即上、下丝读数差乘以100，单位为m）填入记录表中；

5）将前、后视距差填入记录表中；

6）将前、后视距累积差填入记录中；

7）检查各项计算值是否满足限差要求。

（4）依次设站，同法施测其他各站。

（5）全路线施测完毕后计算。

1）路线总长（即各站前、后视距之和）；

2）各站前、后视距差之和（应与最后一站累积视距差相等）；

3）各站后视读数和、各站前视读数和、各站高差中数之和（应为上两项之差的1/2）；

4）路线闭合差（应符合限差要求）；

5）各站高差改正数及各待定点的高程。

四、注意事项

（1）每站观测结束后应立即计算检核，若有超限则重测该测站。全路线施测计算完毕，各项检核均已符合，路线闭合差也应在限差之内。

（2）有关技术指标的限差规定见表2-1。

表2-1　四等水准观测限差

等级	水准仪型号	视线长度 m	前后视较差 m	前后视累积差 m	视线离地面最低高度 m	黑、红面读数较差 mm	黑、红面所测高差较差 mm	闭合差 mm
四等	DS3	100	5	10	0.2	3.0	5.0	$20\sqrt{L}$

注：表中L为路线总长，以km为单位。

（3）四等水准测量作业的集体观念很强，全组人员一定要互相合作，密切配合，相互体谅。

（4）记录者要认真负责，听到观测者所报读数后，要回报给观测者，经默许后，方可记入记录表中。如果发现有超限现象，立即告诉观测者进行重测。

（5）严禁为了快出成果，转抄、照抄、涂改原始数据。记录的字迹要工整、整齐、清洁。

（6）仪器前后尺视距一般不超过80m。

（7）双面水准尺每两根为一组，其中一根尺常数$K_1=4.687$m，另一根尺常数$K_2=4.787$m，两尺的红面读数相差0.100m（即4.687m与4.787m之差）。第一测站前尺位置决定以后，两根尺要交替前进，即后变前，前变后，不能搞乱。在记录表中的方向及尺号栏内要写明尺号，在备注栏内写明相应尺号的K值。起点高程可采用假定高程，即设$H_0=1\,000.000$m。

（8）四等水准测量记录计算比较复杂，要多想多练，步步校核，熟中取巧。

（9）四等水准测量在一个测站的观测顺序应为：后视黑面三丝读数，前视黑面三丝读数，前视红面中丝读数，后视红面中丝读数，称为“后—前—前—后”顺序。当沿土质坚实的路线进行测量时，也可以采用“后—后—前—前”的观测顺序。

实训表格见附表二:三、四等水准测量记录表。

实训六　微倾式水准仪的检验与校正

一、实训目的

(1) 认识微倾式水准仪的主要轴线及它们之间应满足的几何关系。

(2) 掌握水准仪的基本检验和校正方法。

二、仪器与工具

(1) 仪器室借领:DS3 微倾式水准仪 1 台,水准仪脚架 1 个,水准尺 2 把,尺垫 2 个,校正针 1 根。

(2) 自备:计算器、铅笔、草稿纸。

三、检验校正方法与步骤

1. 一般性检验

安置仪器后,首先检验三脚架是否牢固,制动和微动螺旋、微倾螺旋、对光螺旋、脚螺旋等是否有效,望远镜成像是否清晰等,同时了解水准仪各主要轴线及其相互关系。

2. 圆水准器轴平行于仪器竖轴的检验和校正

(1) 检验。转动脚螺旋使圆水准器气泡居中,将仪器绕竖轴旋转 180° 后,若气泡仍居中,则说明圆水准器轴平行于仪器竖轴。否则需要校正。

(2) 校正。先稍松圆水准器底部中央的固紧螺丝,再拨动圆水准器的校正螺丝,使气泡返回偏离量的一半,然后转动脚螺旋使气泡居中。如此反复检校,直到圆水准器在任何位置时,气泡都在刻划圈内为止,最后旋紧松紧螺旋。

3. 十字丝横丝垂直于仪器竖轴的检验与校正

(1) 检验。以十字丝横丝一端瞄准约 20m 处一细小目标点,转动水平微动螺旋,若横丝始终不离开目标点,说明十字丝横丝垂直于仪器竖轴。否则需要校正。

(2) 校正。旋下十字丝分划板护罩,用小螺丝刀松开十字丝分划板的固定螺丝,微略转动十字丝分划板,使转动水平微动螺旋时横丝不离开目标点。如此反复检校,直至满足要求。最后将固定螺丝旋紧,并旋上护罩。

4. 水准管轴与视准轴平行关系的检验与校正

(1) 检验。

1) 如图 2-4 所示,选择相距 75～100m 稳定且通视良好的两点 A,B,在 A,B 两点上各打一根木桩固定其点位。

2) 水准仪置于距 A,B 两点等远处的 Ⅰ 位置,用变换仪器高度法测定 A,B 两点间的高差(两次高差之差不超过 3mm 时,可取平均值作为正确高差 h)。

$$h_{AB}=\frac{(a_1-b_1)+(a_1'-b_1')}{2}$$

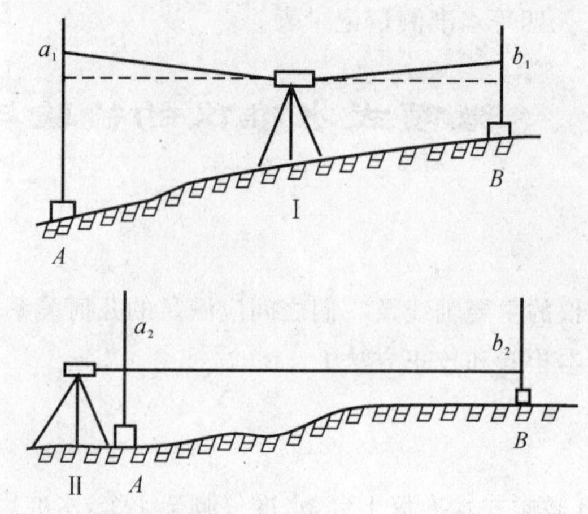

图 2-4　水准管轴与视准轴平行关系的检验与校正

3) 水准仪置于离 A 点 2 ～ 3m 的 Ⅱ 位置，精平仪器后读取近尺 A 上的读数 a_2。

4) 计算远尺 B 上的正确读数值 b_2，$b_2 = a_2 - h_{AB}$。

5) 照准远尺 B，旋转微倾螺旋，将水准仪视准轴对准 B 尺上的 b_2 读数，这时，如果水准管气泡居中，即符合气泡影像符合，则说明视准轴与水准管轴平行。否则应进行校正。

(2) 校正。

1) 重新旋转水准仪微倾螺旋，使视准轴对准 B 尺读数 b_2，这时水准管符合气泡影像错开，即水准管气泡不居中。

2) 用校正针先松开水准管左右校正螺丝，再拨动上下两个校正螺丝(先松上(下) 边的螺丝，再紧下(上) 边的螺丝)，直到使符合气泡影像符合为止。此项工作要重复进行几次，直到符合要求为止。

四、注意事项

(1) 水准仪的检验和校正过程要认真细心，不能马虎。原始数据不得涂改。

(2) 校正螺丝都比较精细，在拨动螺丝时要“慢、稳、均”。

(3) 各项检验和校正的顺序不能颠倒，在检校过程中同时填写实习报告。

(4) 各项检校都需要重复进行，直到符合要求为止。

(5) 对 100m 长的视距，要求检验远尺的读数与计算值之差不大于 3 ～ 5mm。

(6) 每项检校完毕都要拧紧各个校正螺丝，上好护盖，以防脱落。

(7) 校正后，应再作一次检验，看其是否符合要求。

(8) 本次实习要求学生只进行检验，如若校正，应在教师直接指导下进行。

实训表格见附表三：微倾式水准仪的检验与校正表。

实训七　徕卡 DNA03 数字水准仪的使用

一、实训目的

(1) 熟悉数字水准仪的构造及使用方法。

(2) 学会数字水准仪水准测量的实际作业过程。

(3) 施测一复合水准线路，计算其闭合差，并对观测成果进行分析评价。

二、仪器与工具

(1) 仪器室借领：数字水准仪 1 台，水准仪脚架 1 个，数字水准尺 2 把，记录板 1 块，尺垫 2 个，测伞 1 把，水准测量记录纸 1 张。

(2) 自备：计算器、铅笔、草稿纸。

三、实训方法与步骤

从一已知高程的水准点 TZB($H=0$m) 出发，沿各高程待定的水准点 1,2,3,1 362,4,5,6,7 点进行水准测量，最后复合到另一个高程已知的水准点 8($H=-1.146$m)，构成一条复合水准路线(见图 2-5)。

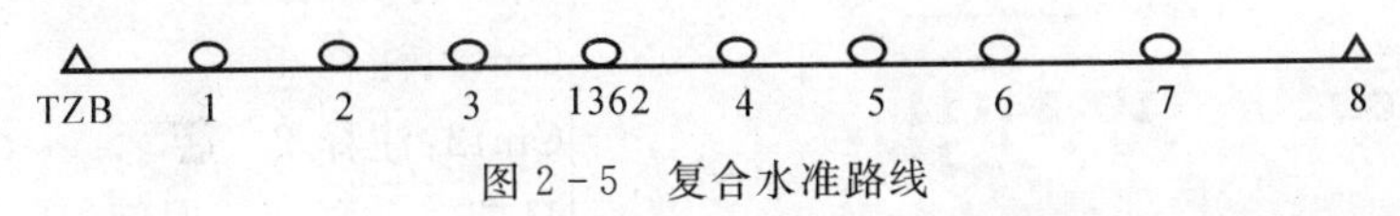

图 2-5　复合水准路线

1. 水准线路施测过程

(1)将 DNA03 架设在点 TZB 与点 1 之间，整平之后，按"电源开关键"启动电源。此时出现如下的"水准测量"界面：

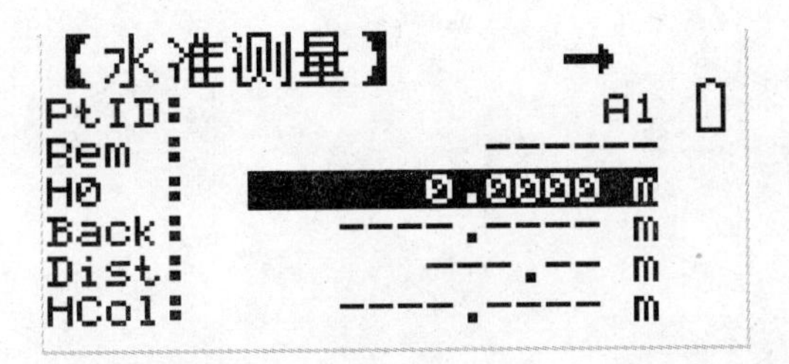

[水准测量]
点号：A1。
注释：对 A1 点的描述。
高程：A1 点的高程。
后尺读数：测量后得到尺的读数。
距离：测量后得到距离读数。
尺高：测量后得到尺高读数。

(2)按"程序键"PROG，进入程序菜单，光标移动到"2 线路测量"，出现如下界面：

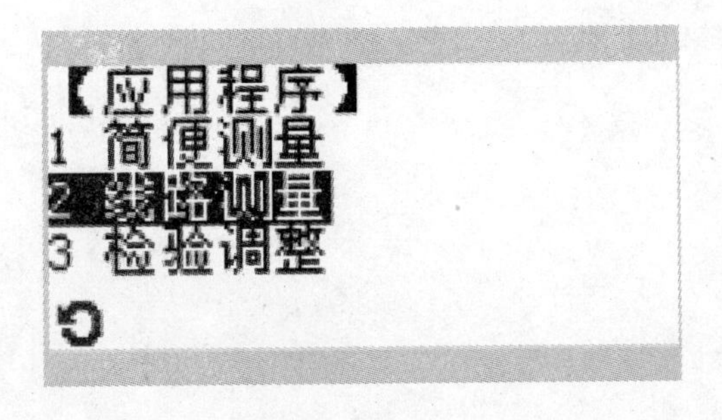

[应用程序]
1 简便测量
2 线路测量(BF：后前；BFFB：后前前后；aBF：奇数站后前，偶数站前后；aBFFB：奇数站后前前后，偶数站前后后前。)
3 检验调整

(3)按"确定键"，进入"线路测量"程序，光标移动到"1 设置作业"，出现如下界面：

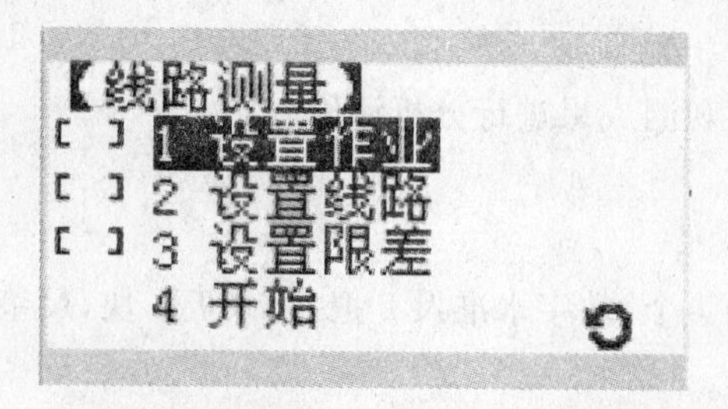

[线路测量]
1 设置作业:作业名称
2 设置线路:TZB 到 8
3 设置限差:按等级设限差
4 开始

(4)按“确定键”，进入“设置作业”步骤，出现如下界面，光标移动到“Job”：

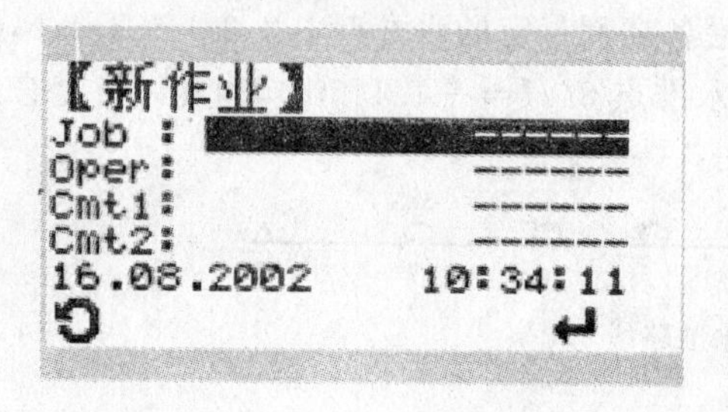

[新作业]
Job:作业名
Oper:操作者
Cmt1:注释 1
Cmt2:注释 2
日期　　　　时间

(5)输入作业名、操作者、注释 1 和注释 2，界面如下所示：

光标移动到“回车键”↵单击，完成“1 设置作业”步骤，同时光标自动停留在“2 设置线路”步骤，出现如下界面：

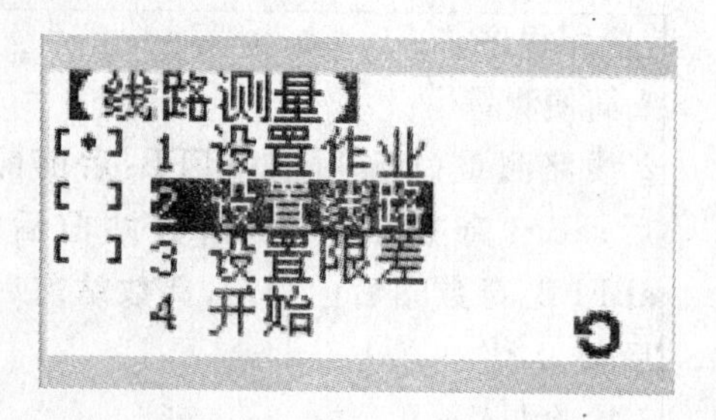

(6)按“确定键”，进入“设置线路”步骤，在“线路名称”Name 中输入新线路的名称；在“方法 Meth”中选择测量方法，并输入已知水准点点号与高程，以及两把水准尺的编号，界面如下所示：

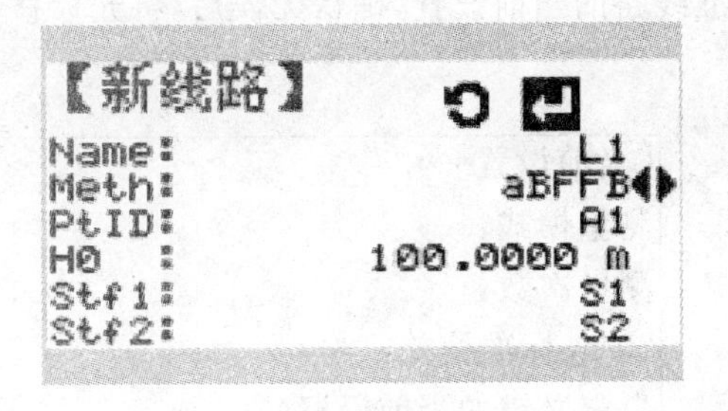

[新线路]
Name:线路名。
Oper:线路方法。
已知点点号:A1。
已知点高程:100 m。
尺1代号:S1。
尺2代号:S2。

光标移动到“回车键”上单击,完成“2 设置作业”步骤,同时光标自动停留在“3 设置限差”步骤,界面如下所示:

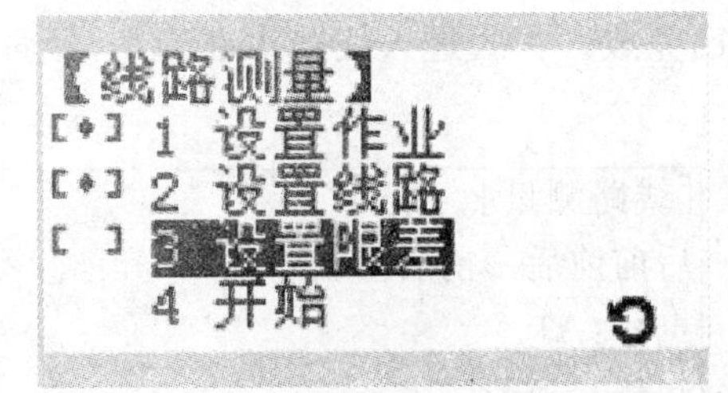

(7)按“确定键”,进入“设置限差”步骤,界面如下所示:

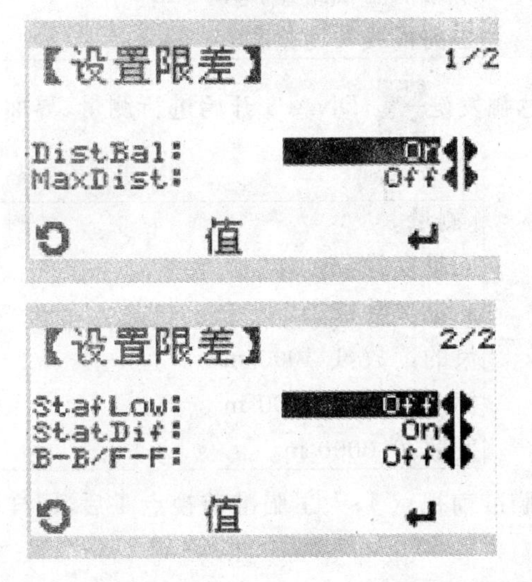

[设置限差]
视距差:后视距离和前视距离的差值。
最长视距:最长允许视距。

[设置限差]
最低视线高度:关。
测站高差之差:开。
同一标尺两次读数的最大差值:关。

根据水准测量精度要求,按“左右键”设置各项限差的开关,并将光标移动到值上,按键设置各项限差的数值。设置完毕,光标移动到“回车键”上,完成“3 设置限差”步骤,同时光标自动停留在“4 开始”步骤,界面如下所示:

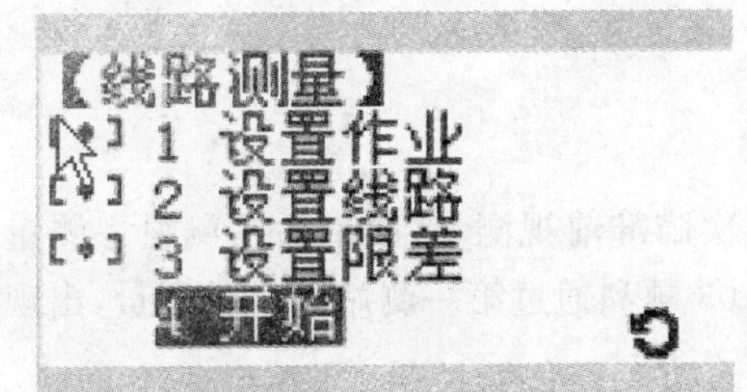

(8)按键,进入如下界面,该界面重申该水准线路的当前设置,确认无误后,将光标移动到“回车键”↵上。

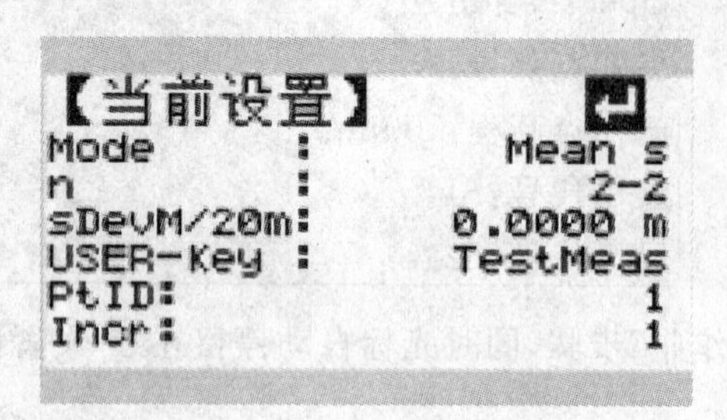

[当前设置]
测量模式:
测量次数:
20 m 标准偏差:
自定义键的当前设置:
点号:
点号自动增加步长:

(9)按键确认。所有关于水准测量的设置都已完成。正式进入线路水准测量,界面如下所示:

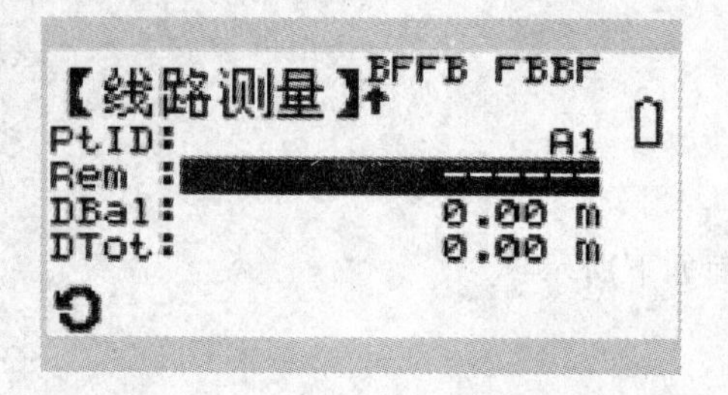

[线路测量]
后前前后　前后后前
点号:A1
注释:
本站前后视距差:0.00 m
当前视线长度累积:

(10)人工瞄准后视点 TZB,按仪器侧面的红色触发键,DNA03 开始进行测量,界面如下所示,仪器自动测量,并显示相应的数据。

[测量]
测量模式:mean
测量次数:2
尺的读数:1.1000 m
标准偏差:0.0000 m
发散:0.0000 m

(11)此次测量完毕,出现如下界面,提示仪器瞄准前视点 1;人工瞄准前视点 1 后,同样按红色触发键,对前视点 1 进行测量。

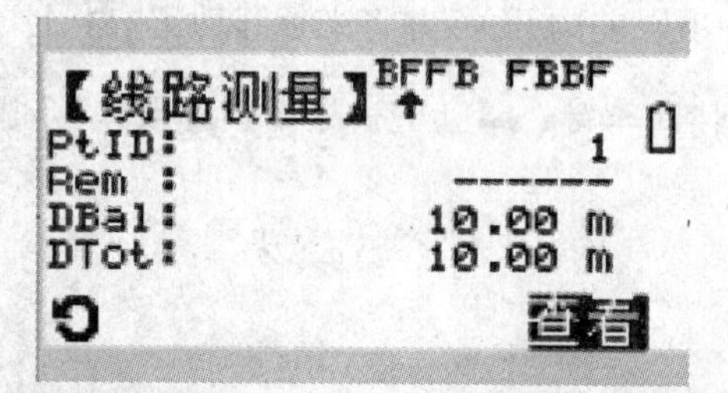

(12)同理,遵循仪器屏幕上方的“指示键”↑,再次瞄准前视测量,瞄准后视测量。测量完毕,如果各项误差都满足以上所设限差的要求,DNA03 顺利通过第一测站的水准测量,出现如下界面,提示进行下一测站的测量。

(13)将仪器搬至点 1 与点 2 中间，整平。遵循仪器屏幕上方的“指示键”↑，依次瞄准前视F，后视B，后视B，前视F，测量，从而完成第二测站的水准测量。

(14)同理，完成任何一个测站的水准测量，直到最后一站。

如果在水准线路测量的过程中出现误差超限，DNA03 将自动报警，提示重测。重测的过程中，遵循仪器屏幕上方的“指示键”↑，进行测量即可。

(15)水准测量数据的下载。

1)硬件连接。

·使用 DNA03 仪器箱内配有的 625 数据通信电缆，一端连接电脑主机的“COM1”端口，一端连接 DNA03 的“RS232”端口。

2)设置通信参数。

DNA03 通信参数的设置：

·按“电源开关键”，开机。按“第二功能键”SHIFT，然后按“程序键”PROG，进入“菜单”/“2 完全设置”/“3 通信”。将 Baudrate(波特率)设置为 9 600；Databits(数据位)设置为 8；Parity(检校位)设置为 NONE；Endmark(分行符)设置为 CR/LF；Stopbits(停止位)设置为 1。

·设置完毕，按“回车键”↵ 记录该设置。

·按“电源开关键”持续 1 s，关机。

“测量办公室”通信参数的设置：

·鼠标双击电脑桌面上的 Leica Survey Office 图标，即打开了“测量办公室”软件。

·点击菜单“设置”/“通信设置”，打开“设置”对话框，如图 2-6 所示。

·选择“端口”为“COM1”，选择“仪器”为“DNA”，通信参数的设置和 DNA03 的设置一样，即将波特率设置为 9 600；数据位设置为 8；检验设置为无；分行符设置为 CRLF；停止位设置为 1。设置完毕，按“确定”确认。

3)将格式文件 LineLevel. frt 上传到全站仪。

·点击“主工具”下面的 数据交换管理器 图标，出现“数据交换管理器”模块，在界面的左面，将看到 ⊞ COM1 ⊞ COM2，点击“COM1”左边的“⊞”，出现对话框“仪器正在初始化，请等待”，稍候片刻，

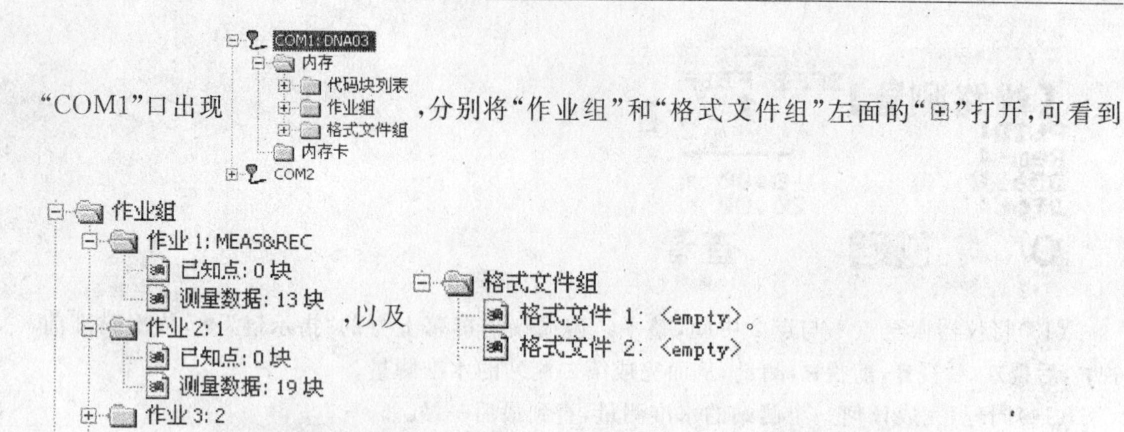

"COM1"口出现 ，分别将"作业组"和"格式文件组"左面的"⊞"打开，可看到 ，以及 。

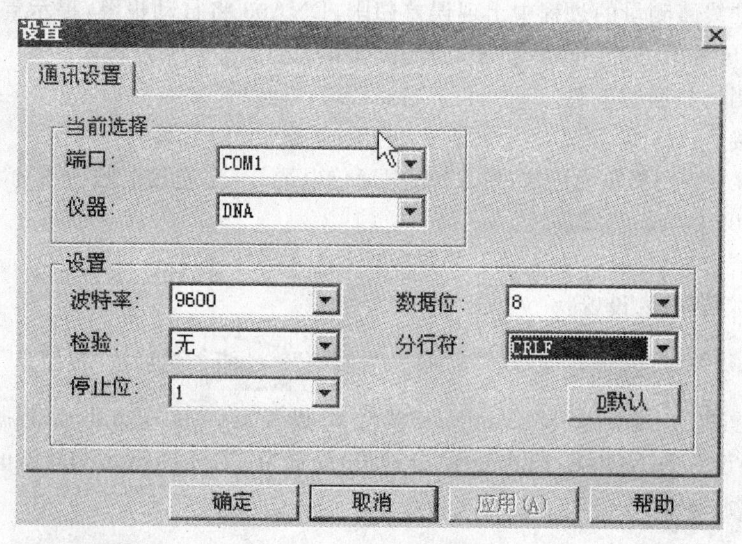

图 2-6 "设置"对话框

· 在界面的右上角，将"文件过滤"选择"所有文件"，此时，"LineLevel. frt"格式文件便会在 D\网平差\ PlusFiles 目录下显示。

· 将 LineLevel. frt 用鼠标拖曳的方法，拖拉到"格式文件 1"

格式文件组
格式文件 1: <empty>
格式文件 2: <empty>

，在随后出现的对话框中选择"确定"。

· 仪器开始上传格式文件，稍候片刻，直到"格式文件 1:"后出现"LineLevel. frt"，即

格式文件组
格式文件 1: LineLevel
格式文件 2: <empty>

，说明格式文件上传成功。

4)将全站仪上的数据文件下载到电脑。

· 找到水准线路测量数据文件名——PS，即

作业 6: PS
已知点: 0 块
测量数据: 1 块

。鼠标定位到"作业"下面的"测量数据"，用鼠标拖曳的方法，将其拖曳到电脑 D 盘\Test 目录上。

・将弹出对话框,在“格式文件”下拉框中选择“LineLevel. frt”,同时,将文件名一栏设置为“Sample. mdt”,单击“确认”。

・仪器开始下载测量值,稍候片刻,将会在电脑 D 盘的根目录下出现刚才下载的文件“Sample. mdt”。

5)检查下载的文件。

・“Sample. mdt”是即将在水准网平差软件当中导入的水准线路数据文件。

(16)水准测量数据的平差。

软件操作比较简单,且界面直观友好,其主要操作步骤如下:

插入加密狗,双击桌面上的“水准网平差”图标即可打开水准网平差软件。此时会弹出如图 2-7 所示的欢迎画面,该画面将停留几秒钟,在画面上单击鼠标左键可快速进入软件。

平差前,新建一个工程或打开一个工程,点击“文件”主菜单,点击“新建工程”子菜单建立一个新工程(这里新建的工程名为“Test”);点击“打开工程”子菜单打开一个已存在的工程。另外,也可通过点击下面的最近使用列表,打开最近使用的四个工程。这两个功能亦可通过点击工具栏上的“新建工程”和“打开工程”快捷图标来实现。

图 2-7　欢迎画面

输入待平差的观测数据,有两种输入方法:

一是通过手工方式输入高差观测数据或原始观测数据,通常这些数据是在外业通过手工记录的方式得到的,并且已经经过了数据的预处理。方法是点击“数据”主菜单,点击“原始观测值”子菜单将打开原始观测值数据输入表格,点击“高差观测值”子菜单可打开高差观测值数据输入表格,点击“起算数据”子菜单将打开起算数据输入表格,以便输入水准点的高程。另外,高差观测数据和起算数据亦可手工输入到文本文件中之后再导入进来(该数据文件的具体格式见软件自带的帮助文件)。

二是通过直接调入 DNA 在外业所测的原始观测数据(这里使用的就是这种方法),方法是点击“数据”主菜单,点击“导入……”子菜单,弹出如图 2-8 所示的对话框。

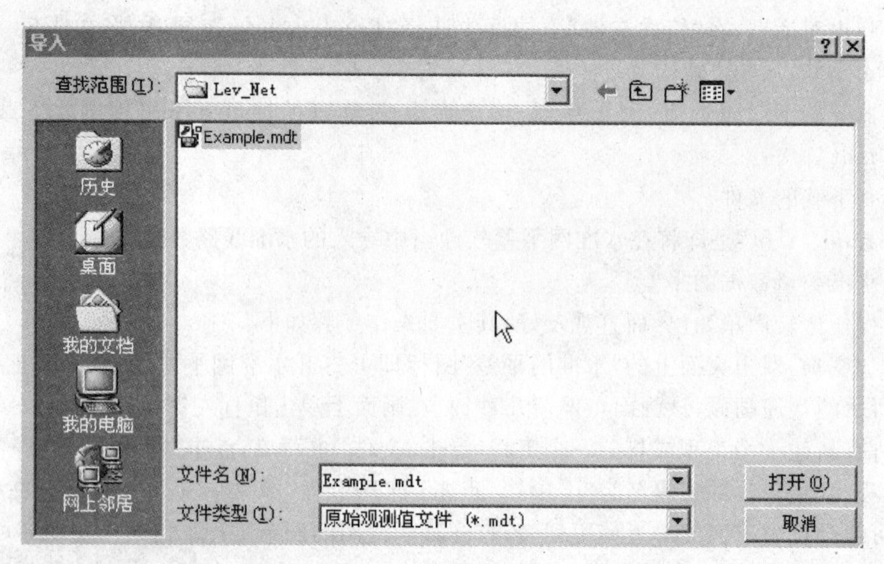

图 2-8 “导入”对话框

选择“Example.mdt”,点击“打开”按钮,此时开始导入数据(如果原始数据中有错误的话,软件会给出提示)。数据导入后会自动将观测数据填入原始观测数据表和起算数据表中,如图 2-9 所示。

输入原始观测数据

保存 打印 退出 打开

观测数据除以2(如Ni004水准仪) 观测方法 aBFFB

	点名	后视读数	前视读数	距离(米)
1	TZB	1.563		17.3013
2	1		1.5965	16.8831
3	1		1.5965	16.883
4	TZB	1.563		17.3062
5	2		1.322	17.2511
6	1	1.5405		17.0615
7	1	1.5406		17.0623
8	2		1.3219	17.2515
9	2	1.3322		18.4226
10	3		1.4505	18.3596
11	3		1.4506	18.3563

图 2-9 输入原始观测数据

图 2-9 所示为导入的原始观测数据,用鼠标点选任一单元格即可对数据进行修改,修改后一定要点击“保存”按钮以保存修改结果,图中右侧输入要打印的表格的表头。点击“打印”按钮可按照国家水准测量规范的原始数据记录表格的格式输出数据,点击“打开”按钮可以以文本的形式打开原始数据文件。批量数据的修改,建议在文本文件中进行。特别地,如果要删除某些站的数据一定要整站删除,修改后重新导入该数据文件。

图 2-10 所示为已知数据表格,TZB 点的已知高程为 0 m,8 号点的已知高程为

−1.1 460 m，表中的数据可以编辑修改，亦可添加删除，修改后点击“保存”按钮保存修改结果。

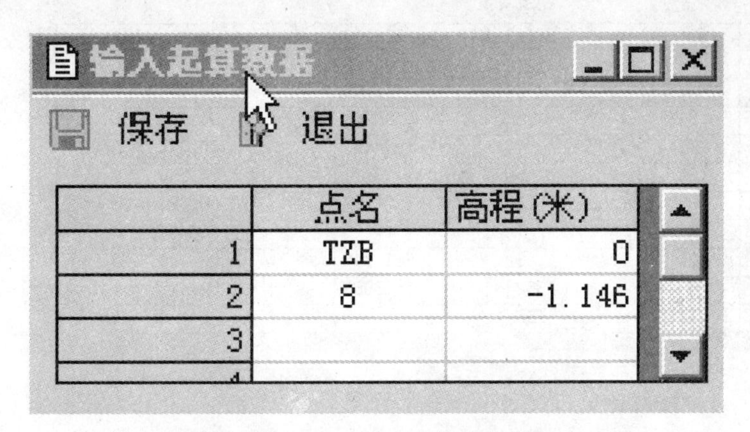

	点名	高程(米)
1	TZB	0
2	8	-1.146
3		

图 2-10　输入起算数据

(17)数据经过检查确认无误后即可进行闭合环搜索和闭合差显示及进行平差计算。

(18)点击“闭合差”主菜单，可以设置闭合差限差、闭合环搜索和闭合差显示。另外该功能亦可通过在左侧的“闭合差”图标上点击右键的方式调入。搜索闭合环后，显示如图 2-11 所示。

搜索闭合环

退出

No	lumber	Site1	Site	Site	Site	Site5	Site6	Site7	Site8	Site	Site1	Site11
1	9	TZB	1	2	3	I362	4	5	6	7	8	
2	0											
3	0											

图 2-11　搜索闭合环

图 2-12 所示为各闭合环路的闭合差，该结果可以通过点击“输出到文件”按钮输出到文本文件中，亦可以通过点击“打印”按钮以表格的形式打印输出。

显示闭合差

输出到文件　打　印　说　明　退　出

No	点串	闭合差(米)	限差(毫米)	长度(公里)
1	TZB-1-2-3-I362-4-5-6-7-8	.00310	1.29737	.42079

图 2-12　显示闭合差

(19)平差计算通过点击“平差”主菜单下的“开始计算”子菜单进行平差。平差结束后会自动弹出平差结果表格，如图 2-13 所示。该结果可以通过点击“输出到文件”按钮输出到文本文件中和通过点击“输出到 Excel”输出到 Excel 表格中，亦可通过点击“打印”按钮以表格的形式打印输出(Lft 栏中，标示为“0”表示不用打印出该点，标示为“1”表示打印该点)。

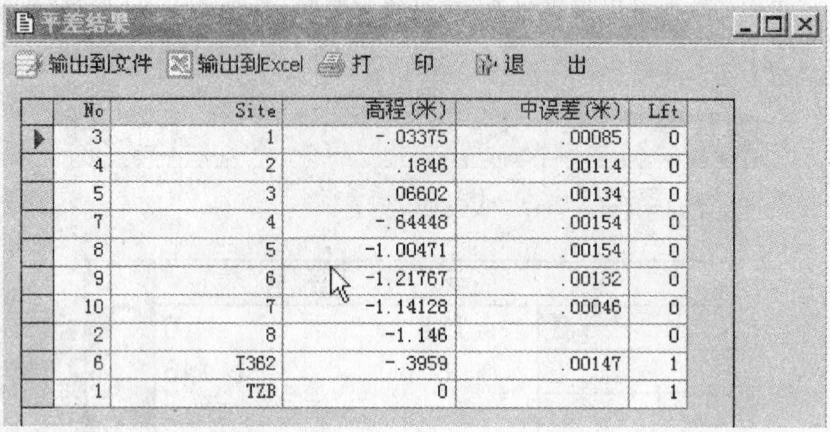

平差结果

输出到文件 输出到Excel 打 印 退 出

	No	Site	高程(米)	中误差(米)	Lft
▶	3	1	-.03375	.00085	0
	4	2	.1846	.00114	0
	5	3	.06602	.00134	0
	7	4	-.64448	.00154	0
	8	5	-1.00471	.00154	0
	9	6	-1.21767	.00132	0
	10	7	-1.14128	.00046	0
	2	8	-1.146		0
	6	I362	-.3959	.00147	1
	1	TZB	0		1

图 2-13　平差结果

实训八　DJ6 光学经纬仪的认识与技术操作

一、实训目的

(1)认识经纬仪的一般构造。

(2)熟悉经纬仪的技术操作方法。

(3)熟悉用水平度盘变换手轮设置水平度盘读数。

二、仪器与工具

(1)仪器室借领:DJ6 经纬仪 1 套,记录板 1 块。

(2)自备:铅笔、草稿纸。

三、实训方法与步骤

(1)由指导教师讲解经纬仪的构造及技术操作方法。

(2)学生自己熟悉经纬仪各螺旋的功能。

(3)练习安置经纬仪。经纬仪的安置包括对中和整平两项内容。

1) 对中。对中的目的是使经纬仪水平度盘的中心与测站中心位于同一条铅垂线上。方法是先将三角架安置在测站点上,架头大致水平,三脚架稳定,然后用连接螺旋将仪器固定在三脚架上。

用光学对点器进行对中,具体做法是:将仪器置于测站点上,使架头大致水平,仪器三个脚螺旋的高度适中,光学对点器轴大致在测站点铅垂线上。转动光学对点器目镜看清分划板中心圈(十字丝),再拉动或旋转目镜,使测站点影像清晰。若中心圈(十字丝)与测站点相距较远,则应平移脚架,使测站点与中心圈(十字丝)重合。伸缩架腿,使圆水准器气泡居中。

2) 整平。整平的目的是使水平度盘处于水平位置,仪器竖轴铅直。整平的方法是:

① 使照准部水准管与任意两个脚螺旋连线平行,如图 2-14(a)所示,两手以相反方向同

时旋转两脚螺旋，使水准管气泡居中。

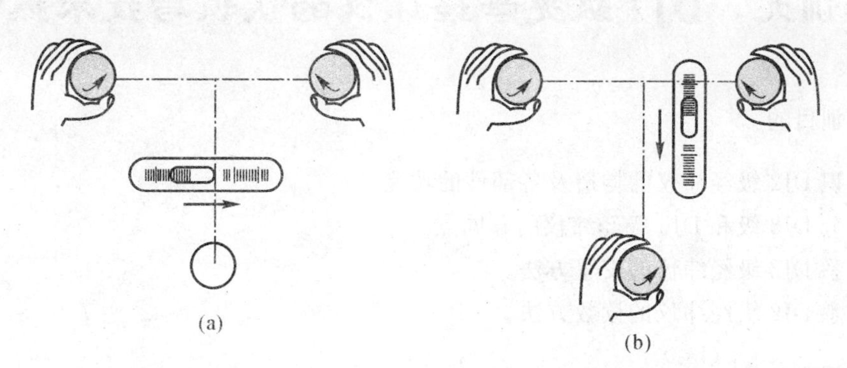

图 2－14　经纬仪整平

② 将照准部平转 90°(有些仪器上装有两个水准管，则可以不转)，如图 2－14(b)所示，再调另一个脚螺旋使水准管气泡居中。

③ 对中与整平操作应反复进行，直到仪器在任何位置气泡都居中且对中为止。

(4)用望远镜瞄准远处目标。

1) 安置好仪器后，松开照准部和望远镜的制动螺旋，用粗瞄器初步瞄准目标，然后拧紧这两个制动螺旋。

2) 调节目镜对光螺旋，看清十字丝，再转动物镜对光螺旋，使望远镜内目标清晰，旋转水平微动和垂直微动螺旋，用十字丝精确照准目标，并消除视差。

(5)练习水平度盘读数，尤其注意秒值的估读。

(6)练习用水平度盘变换手轮设置水平度盘读数。

1) 用望远镜照准选定目标。

2) 拧紧水平制动螺旋，用微动螺旋准确瞄准目标(一般指标杆或测钎)的根部。

3) 转动水平度盘变换手轮，使水平度盘读数设置到预定数值。

4) 松开制动螺旋，稍微旋转后，再重新照准原目标，看水平度盘读数是否仍为原读数，否则须重新设置。

四、注意事项

(1)经纬仪是精密仪器，使用时要十分谨慎小心，各个螺旋要轻微转动，禁止旋转过量损坏螺旋。不准大幅度地、快速地转动照准部及望远镜。

(2)当一个人操作时，其他人员只作语言帮助，不能多人同时操作一台仪器。

(3)每组中每人的练习时间要因时、因人而异，要互相帮助。

(4)练习水平度盘读数时要注意估读的准确性，一般为 6″ 的整倍数。

(5)用度盘变换手轮设置水平度盘读数时，不能用微动螺旋设置分、秒数值。如果这样做，将会使目标偏离十字丝交点。

实训表格见附表四：经纬仪读数记录表。

实训九　DJ2 级光学经纬仪的认识与技术操作

一、实训目的

(1)认识 DJ2 级经纬仪的构造及各部件的功能。

(2)区分 DJ2 级和 DJ6 级经纬仪的异同点。

(3)熟悉 DJ2 级经纬仪的安置方法。

(4)熟悉 DJ2 级经纬仪的读数方法。

二、仪器与工具

(1)仪器室借领:DJ2 级经纬仪 1 套,记录板 1 块,测伞 1 把。

(2)自备:铅笔、草稿纸。

三、实训方法与步骤

1. DJ2 级经纬仪的认识

(1) 熟悉 DJ2 级经纬仪各部件的名称及作用。

(2)了解下列各个装置的功能和用途。

1) 制动螺旋:水平制动和竖直制动——分别固定照准部和望远镜。

2) 微动螺旋:水平微动和竖直微动——用于精确瞄准目标。

3) 水准管:照准部水准管——用于显示水平度盘是否水平;竖盘指标水准管——用于显示竖盘指标线是否指向正确的位置。

4) 水平度盘变换装置:DJ2 级经纬仪通过该装置,可设置起始方向的水平度盘读数。

5) 换像手轮:DJ2 级经纬仪通过该装置,可设置读数窗处于水平或竖直度盘的影像。

2. DJ2 级经纬仪的安置

(1) 对中(采用光学对点器)。

1) 将三角架置于测站点上,目估架头大致水平,同时注意高度适中,安放经纬仪。

2) 调节对点器的目镜进行调焦,使对点器的中心圈影像清晰,然后调节物镜,使地面的影像清晰地出现在对点器内。

3) 如测站点不在对点器内,可移动两个脚架,将测站点的影像置于对点器中心圈附近,拧紧中心螺旋。

4) 旋转脚螺旋,使测站点标志影像精确地位于中心圈内。

5) 伸缩三脚架,使圆水准气泡居中,并检查对点是否超限。

(2)整平。

1) 使照准部水准管平行于任意两个脚螺旋,并调节这两个脚螺旋,使水准管气泡居中。

2) 然后旋转照准部 90°,调节第三个脚螺旋,使水准管气泡居中。

3) 重复上述两步工作,直至仪器在任一位置水准管气泡均居中。此时仍应检查对点是否超限。

3.照准目标

(1) 目镜对光——望远镜对向天空或一明亮背景,转动目镜,使十字丝分划板清晰。

(2) 粗瞄目标——通过望远镜上的瞄准器将目标调入望远镜的视场内。

(3) 物镜对光——调节物镜对光螺旋,使目标的影像清晰地出现在十字丝分划板上。

(4) 消除视差——眼睛在目镜后作上下、左右运动时,如目标和十字丝分划板相对运动,则有视差,这时重复(1)和(3)两步工作可消除视差。

(5) 精确瞄准——调节水平微动螺旋和竖直微动螺旋,将目标调至十字丝分划板中心位置上。

4.读数

DJ2 经纬仪读数如图 2-15 所示。

(1) 将换像手轮置于水平位置,打开反光镜,使读数窗明亮。

(2) 转动测微轮使读数窗内上、下分划线对齐。

(3) 读出位于左侧或靠中的正像度刻线的度读数(163°)。

(4) 读出与正像度刻线相差 180°位于右侧或靠中的倒像度刻线之间的格数 n,即:$n\times10'$ 的分读数($2\times10'=20'$)。

(5) 读出测微尺指标线截取小于 10′的分、秒读数(7′34″)。

(6) 将上述度、分、秒相加,即得整个度盘读数(163°27′34″)。

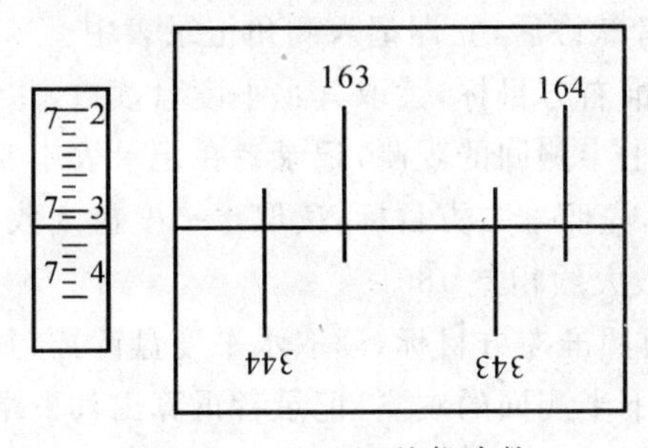

图 2-15　DJ2 经纬仪读数

5.归零

(1) 首先用测微轮将小于 10′的测微器上的读数对着 00′00″。

(2) 打开水平度盘,变换手轮的保护盖,用手拨动该手轮,将度和整分调至(0°00′),并保证分划线上、下对齐。

四、注意事项

(1)DJ2 级经纬仪属精密仪器,应避免日晒和雨淋,操作要做到轻、慢、稳。

(2)在对中过程中调节圆水准气泡居中时,切勿用脚螺旋调节,而应用脚架调节,以免破坏对中。

(3)整平好仪器后,应检查对中点是否偏移超限。

实训表格见附表四:经纬仪读数记录表。

实训十　测回法观测水平角

一、实训目的

(1)进一步熟悉经纬仪的构造、安置和技术操作方法。

(2)学会用测回法观测水平角。

二、仪器与工具

(1)仪器室借领:经纬仪1套,记录板1块,记录纸(水平角观测)。

(2)自备:计算器、铅笔、草稿纸。

三、实训方法与步骤

(1)在指定的点上安置经纬仪。

(2)选择两个明显的固定点作为观测目标或用花杆标定两个目标。

(3)用测回法测定其水平角值。其观测程序如下:

1) 安置好仪器以后,以盘左位置照准左方目标,并读取水平度盘读数。记录者听到读数后,立即回报观测者,经观测者默许后,立即记入测角记录表中。

2) 顺时针旋转照准部照准右方目标,读取其水平度盘读数,并记入测角记录表中。

3) 由(1)(2)两步完成了上半测回的观测,记录者在记录表中要计算出上半测回角值。

4) 将经纬仪置盘右位置,先照准右方目标,读取水平度盘读数,并记入测角记录表中。其读数与盘左时的同一目标读数大约相差180°。

5) 逆时针转动照准部,再照准左方目标,读取水平度盘读数,并记入测角记录表中。

6) 由(4)(5)两步完成了下半测回的观测,记录者再算出其下半测回角值。

7) 至此便完成了一个测回的观测。如上半测回角值和下半测回角值之差没有超限(不超过±40″),则取其平均值作为一测回的角度观测值,也就是这两个方向之间的水平角。

(4)如果观测不止一个测回,而是要观测 n 个测回,那么在每测回要重新设置水平度盘起始读数。即对左方目标每测回在盘左观测时,水平度盘应设置 $180°/n$ 的整倍数来观测。

四、注意事项

(1)在记录前,首先要弄清记录表格的填写次序和填写方法。

(2)每一测回的观测中间,如发现水准管气泡偏离,也不能重新整平。本测回观测完毕,下一测回开始前再重新整平仪器。

(3)在照准目标时,要用十字丝竖丝照准目标的明显地方,尽量瞄准目标下部,上半测回照准什么部位,下半测回仍照准同一部位。

(4)窄目标需要用十字丝双丝来照准,宽目标用单丝平分。

(5)在选择目标时,最好选取不同高度的目标进行观测。

实训表格见附表五:经纬仪测回法测水平角记录表。

实训十一　方向观测法观测水平角

一、实训目的

(1)学会方向观测法的观测程序。

(2)了解方向观测法的精度要求及重测原则。

二、仪器与工具

(1)仪器室借领:DJ2 经纬仪 1 台,经纬仪脚架 1 个,测伞 1 把,小目标架 4 根。

(2)自备:计算器、铅笔、刀片、草稿纸。

三、实训方法与步骤

1. 观测程序

(1)如图 2－16 所示,在 O 点安置经纬仪,选取一方向作为起始零方向(如图中的 A 方向)。

(2) 盘左位置照准 A 方向,并拨动水平度盘变换手轮,将 A 方向的水平度盘读数设置在 $00°00'00''$附近且大于 $0°$,然后顺时针转动照准部 1～2 周,重新照准 A 方向并读取水平度盘读数,记入方向观测法记录表中。

(3) 按顺时针方向依次照准 B,C,D 方向,并读取水平度盘读数,将读数值分别记入记录表中。

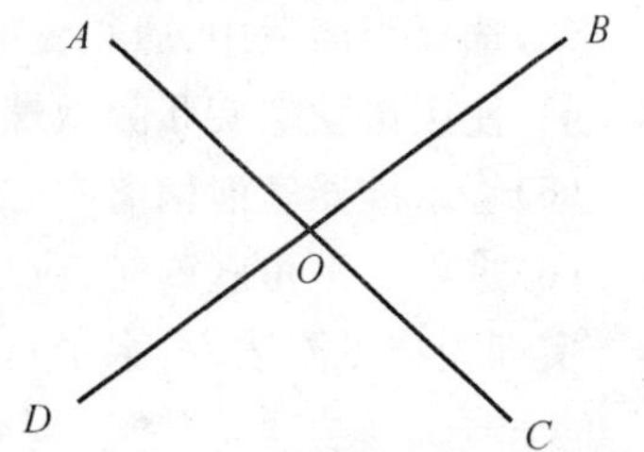

图 2－16　方向观测法观测水平角

(4) 继续旋转照准部至 A 方向,再读取水平度盘读数,检查归零差是否合格。

(5) 盘右位置观测前,先逆时针旋转照准部 1～2 周后再照准 A 方向,并读取水平度盘读数,记入记录表中。

(6) 按逆时针方向依次照准 D,C,B 方向,并读取水平度盘读数,将读数值分别记入记录表中。

(7) 逆时针继续旋转至 A 方向,读取零方向 A 的水平度盘读数,并检查归零差和 $2c$ 互差。

2. 起始方向度盘读数位置的变换规则

为了提高测角精度,减少度盘刻划误差的影响,起始方向度盘的位置应均匀地分布在度盘和测微尺的不同位置上,根据不同的测量等级和使用的仪器,可采用下列公式确定起始方向的度盘读数,即每测回起始方向盘左的水平度盘读数应设置为$\left(\frac{180°}{n}+\frac{60'}{n}\right)$的整倍数。

3. 限差的要求(见表 2－2)

表 2－2　方向观测法测角限差

等　级	经纬仪型号	半测回归零差	一测回 $2c$ 互差	同一方向各测回互差
四等测量	DJ2	$12''$	$18''$	$12''$
图根测量	DJ6	$18''$		$24''$

4. 重测的原则和顺序

(1)归零差超限。

1)上半测回归零差超限,应立即重测。

2)当下半测回的归零差超限时,则重测整个测回。

(2)2c 互差。

1)零方向的 2c 互差超限时,则重测整个测回。

2)其他方向的 2c 互差超限时,则重测超限方向,并联测零方向。当一测回重测方向超过 1/3 总方向数时,应重测整个测回。

(3)测回互差。

1)当各测回同一归零方向值超限时,重测超限方向,并联测零方向。

2)全部重测的方向数超过该站全部方向测回总数的 1/3 时,全部成果重测。

四、注意事项

(1)每半测回观测前应先旋转照准部 1～2 周。

(2)一测回内不得重新调焦和两次整平仪器。

(3)选择距离适中、通视良好、成像清晰的方向作零方向。

(4)使用微动螺旋和测微螺旋时,其最后旋转方向均应为旋进方向。

(5)管水准器气泡偏离中心不得超过 1/2 格以上。

(6)进行水平角观测时,应尽量照准目标的下部。

实训表格见附表六:水平角观测(方向观测法)记录表。

实训十二　竖直角测量

一、实训目的

(1)学会竖直角的测量方法。

(2)学会竖直角及竖盘指标差的记录、计算方法。

二、仪器与工具

(1)仪器室借领:DJ6 经纬仪 1 台,经纬仪脚架 1 个,记录板 1 块,记录纸,测伞 1 把。

(2)自备:计算器、铅笔、刀片、草稿纸。

三、实训方法与步骤

(1)在指定点上安置经纬仪。

(2)以盘左位置使望远镜视线大致水平。竖盘指标所指读数 90°即为盘左时的竖盘起始读数。

(3)以盘左位置将望远镜物镜缓慢抬高,即当视准轴逐渐向上倾斜时,观察竖盘读数是增加还是减少,借以确定竖直角和指标差的计算公式。

1) 当望远镜物镜抬高时,如竖盘读数逐渐减少,则竖盘为顺时针刻划,竖直角计算公式为

$$\alpha_{左} = L - 90^\circ$$

$$\alpha_{右} = 270^\circ - R$$

一测回竖直角 $$\alpha = \frac{\alpha_{左} + \alpha_{右}}{2} = \frac{R - L - 180^\circ}{2}$$

竖盘指标差 $$X = \frac{\alpha_{左} - \alpha_{右}}{2} = \frac{R + L - 360^\circ}{2}$$

2) 用上述公式算出的竖直角 α，其符号为"+"时，α 为仰角；其符号为"−"时，α 为俯角。

(4) 用测回法测定竖直角，其观测程序如下：

1) 安置好经纬仪后，盘左位置照准目标，转动竖盘指标水准管微动螺旋(对有补偿器的经纬仪不需此项操作)，使水准管气泡居中(符合气泡影像符合)后，读取竖直度盘的读数 L。记录者将读数值 L 记入竖直角测量记录表中。

2) 根据竖直角计算公式，在记录表中计算出盘左时的竖直角 $\alpha_{左}$。

3) 再用盘右位置照准目标，转动竖盘指标水准管微动螺旋(对有补偿器的经纬仪不需此项操作)，使水准管气泡居中(符合气泡影像符合)后，读取其竖直度盘读数 R。记录者将读数值 R 记入竖直角测量记录表中。

4) 根据竖直角计算公式，在记录表中计算出盘右时的竖直角 $\alpha_{右}$。

5) 计算一测回竖直角值和指标差。

四、注意事项

(1)直接读取的竖盘读数并非竖直角，竖直角通过计算才能获得。

(2)竖盘因其刻划注记和起始读数的不同，计算竖直角的方法也就不同，要通过检测来确定正确的竖直角和指标差计算公式。

(3)盘左盘右照准目标时，要用十字丝横丝照准目标的同一位置。

(4)在竖盘读数前，务必要使竖盘指标水准管气泡居中。

实训表格见附表七：竖直角观测记录表。

实训十三　DJ6 级光学经纬仪的检验与校正

一、实训目的

(1)认识 DJ6 级光学经纬仪的主要轴线及它们之间应具备的几何关系。

(2)熟悉 DJ6 级光学经纬仪的检验与校正方法。

二、仪器与工具

(1)仪器室借领：DJ6 经纬仪 1 台，经纬仪脚架 1 个，记录板 1 块，测伞 1 把，校正针 1 根，螺丝刀 1 把。

(2)自备：计算器、铅笔、草稿纸。

三、检验校正方法与步骤

(1)指导教师讲解各项检校的过程及操作要领。

(2)照准部水准管轴垂直于仪器竖轴的检验与校正。

1)检验方法。

① 先将经纬仪严格整平。

② 转动照准部,使水准管与3个脚螺旋中的任意一对平行,转动脚螺旋使气泡严格居中。

③ 再将照准部旋转180°,此时,如果气泡仍居中,说明该条件满足。若气泡偏离中央零点位置,则须进行校正。

2)校正方法。

① 先旋转这一对脚螺旋,使气泡向中央零点位置移动偏离格数的一半。

② 用校正针拨动水准管一端的校正螺丝,使气泡居中。

③ 再次将仪器严格整平后进行检验,如须校正,仍用①,②所述方法进行。

④ 反复进行数次,直到气泡居中后再转动照准部,气泡偏离在半格以内为止。

(3)十字丝竖丝的检验与校正。

1)检验方法。整平仪器后,用十字丝竖丝的最上端照准一明显固定点,固定照准部制动螺旋和望远镜制动螺旋,然后转动望远镜微动螺旋,使望远镜上下微动。如果该固定点目标不离开竖丝,说明此条件满足,否则需要校正。

2)校正方法。

① 旋下望远镜目镜端十字丝环护罩,用螺丝刀松开十字丝环的每个固定螺丝。

② 轻轻转动十字丝环,使竖丝处于竖直位置。

③ 调整完毕后务必拧紧十字丝环的4个固定螺丝,上好十字丝环护罩。

(4)视准轴的检验与校正。

1) 盘左盘右读数法。

①检验方法。

A. 选与视准轴大致处于同一水平线上的一点作为照准目标,安置好仪器后,盘左位置照准此目标并读取水平度盘读数,记作$\alpha_{左}$。

B. 再以盘右位置照准此目标,读取水平盘读数,记作$\alpha_{右}$。

C. 如果$\alpha_{左}=\alpha_{右}\pm 180°$,则此项条件满足。如果$\alpha_{左}\neq\alpha_{右}\pm 180°$,则说明视准轴与仪器横轴不垂直,存在视准差$c$,即$2c$误差,应进行校正。$2c$误差的计算公式如下:

$$c=\frac{1}{2}[\alpha_{左}-(\alpha_{右}\pm 180°)]$$

或

$$2c=\alpha_{左}-(\alpha_{右}\pm 180°)$$

② 校正方法。

A. 仪器仍处于盘右位置不动,以盘右位置读数为准,计算两次读数的平均值α作为正确读数,即

$$\alpha=\frac{\alpha_{左}+(\alpha_{右}\pm 180°)}{2}$$

B. 转动照准部微动螺旋,使水平度盘指标在正确读数α上,这时,十字丝交点偏离了原目标。

C. 旋下望远镜目镜端的十字丝护罩,松开十字丝环,上、下校正螺丝,拨动十字丝环左、右两个校正螺丝(先松左(右)边的校正螺丝,再紧右(左)边的校正螺丝),使十字丝交点回到原

目标,即使视准轴与仪器横轴相垂直。

D. 调整完后务必拧紧十字丝环上、下两校正螺丝,上好望远镜目镜护罩。

2) 横尺法。

① 检验方法。

A. 选一平坦场地安置经纬仪,后视点 A 和前视点 B 与经纬仪站点 O 的距离为 20.626m,如图 2-17 所示。在前视点 B 上横放一刻有毫米分划的小尺,使小尺垂直于视线 OB,并尽量与仪器同高。

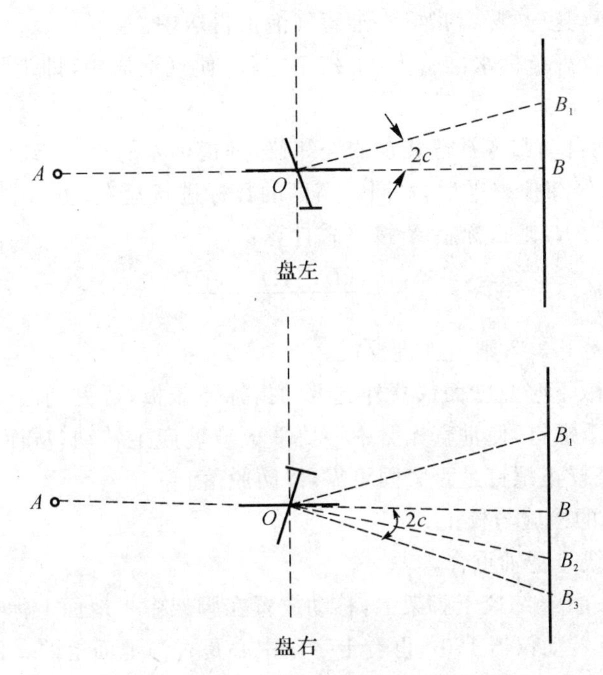

图 2-17　视准轴的检验与校正

B. 盘左位置照准后视点 A,倒转望远镜在前视点 B 尺上读数,得 B_1。

C. 盘右位置照准后视点 A,倒转望远镜在前视点 B 尺上读数,得 B_2。

D. 若 B_1 和 B_2 两点重合,说明视准轴与横轴垂直,否则先计算 c 值。

$$c = \frac{B_1 B_2}{4S}\rho \qquad (\rho = 206\ 265'')$$

式中,S 为仪器到标尺的距离。若 $c > 15''$,则应进行校正。

② 校正方法。

A. 求得 B_1 和 B_2 之间距离后,计算 B_2B_3,即 $B_2B_3 = B_1B_2/4$。

B. 用拨针拨动十字丝环左、右两个校正螺丝,先松左(右)边的校正螺丝,再紧右(左)边的校正螺丝,直到十字交点与 B_3 点重合为止。

C. 调整完后务必拧紧十字丝环上、下两校正螺丝,上好望远镜目镜护罩。

(5) 竖盘指标水准管的检验与校正。

1) 检验方法。

① 安置好仪器后,盘左位置照准某一高处目标(仰角大于 30°),用竖盘指标水准管微动螺旋使水准管气泡居中,读取竖直度盘读数,并根据实训十二所述的方法,求出其竖直角 $\alpha_{左}$。

② 再以盘右位置照准此目标，用同样方法求出其竖直角 $\alpha_{右}$。

③ 若 $\alpha_{左} \neq \alpha_{右}$，说明有指标差，应进行校正。

2）校正方法。

① 计算出正确的竖直角 α：$\alpha = \frac{1}{2}(\alpha_{左} + \alpha_{右})$。

② 仪器仍处于盘右位置不动，不改变望远镜所照准的目标，再根据正确的竖直角 α 和竖直度盘刻划特点求出盘右时竖直度盘的正确读数值，并用竖直指标水准管微动螺旋使竖直度盘指标对准正确读数值，这时，竖盘指标水准管气泡不再居中。

③ 用拨针拨动竖盘指标水准管上、下校正螺丝，使气泡居中，即消除了指标差，达到了检校的目的。

对于有竖盘指标自动归零补偿装置的经纬仪，其指标差的检验与校正方法如下：

(1) 检验方法。经纬仪整平后，对同一高度的目标进行盘左、盘右观测。若盘左位置读数为 L，盘右位置读数为 R，则指标差 X 按下式计算：

$$X = \frac{(L + R) - 360°}{2}$$

若 X 的绝对值大于 $30''$，则应进行校正。

2）校正方法。 取下竖盘立面仪器外壳上的指标差盖板，可见到两个带孔螺钉，松开其中一个螺钉，拧紧另一个螺钉，使垂直光路中一块平板玻璃产生转动，从而达到校正的目的。仪器校正完毕后应检查校正螺钉是否紧固可靠，以防脱落。

(6) 光学对点器的检验与校正。

目的：使光学垂线与竖轴重合。

1）检验方法。安置经纬仪于脚架上，移动放置在脚架中央地面上标有 a 点的白纸，使十字丝中心与 a 点重合。转动仪器 180°，再看十字丝中心是否与地面上的 a 目标重合，若重合条件满足，否则需要校正。

2）校正方法。仪器类型不同，校正的部位不同，但总的来说有两种校正方式：

① 校正转向直角棱镜。该棱镜在左、右支架间用护盖盖着，校正时用校正螺丝调节偏离量的一半即可。

② 校正光学对点器目镜十字丝分划板。调节分划板校正螺丝，使十字丝退回偏离值的一半，即可达到校正的目的。

四、注意事项

(1) 经纬仪检校是很精细的工作，必须认真对待。

(2) 发现问题及时向指导教师汇报，不得自行处理。

(3) 各项检校顺序不能颠倒。在检校过程中要同时填写实习报告。

(4) 检校完毕，要将各个校正螺丝拧紧，以防脱落。

(5) 每项检校都须重复进行，直到符合要求。

(6) 校正后应再作一次检验，看其是否符合要求。

(7) 本次实训只作检验，校正应在指导教师指导下进行。

实训表格见附表八：经纬仪的检验与校正表。

实训十四　直线定线与距离丈量

一、实训目的

掌握目估法直线定线和钢尺丈量距离的一般方法。

二、仪器及工具

(1) 仪器室借领:钢卷尺(30 m或50 m)1把,标杆3根,测钎1组(6根或11根),斧子1把,木桩及小钉各4～6个,垂球2个。

(2) 自备:铅笔、草稿纸。

三、实训方法与步骤

1. 标定点位

若有固定的实习基地,选4～6个固定标志组成一闭合导线,且每段边长为80 m左右,按顺(或逆)时针编号。

2. 距离丈量

(1) 平坦地面上量距。

1) 往测。

① 在A,B两点各竖一根标杆,后尺手执尺零端将尺零点对准点A。

② 前尺手持尺盒并携带第三根标杆和测钎沿AB方向前进,行至约一尺段处停下,由后尺手指挥左右移动标杆,使其在AB连线上(目视定线)。拉紧钢尺在整尺段注记处插下测钎1。

③ 两手同时提尺及标杆前进,后尺手行至测钎1处。如前所做,前尺手同法插一根测钎2,量距后后尺手将测钎1收起。

④ 同法依次丈其他各尺段。

⑤ 到最后一个不足整尺的尺段时,前尺手将一整分划对准B点,后尺手在尺的零端读出厘米或毫米数,两数相减即为余长。

2) 计算:后尺手所收测钎数(n)即为整尺段数,整尺段数(n)乘尺长加余长(q)为AB的往测距离,即$D_{往}=n\times l+q$。

3) 返测由B点向A点同法量测,即$D_{返}=n\times l+q$

4) 求往、返测距离的相对误差K,$K=\frac{|\Delta D|}{D}$。若$K\leqslant 1/3\ 000$,取平均值作为最后结果;若$K>1/3\ 000$,应重新丈量。同法丈量出其他线段的距离。

(2) 斜量法。当地面坡度较大且较均匀时,可沿地面直接量出MN的斜距L,用罗盘仪或经纬仪测出MN的倾斜角θ,按$D=L\cos\theta$将斜距改成水平距离。同样,该法也要往、返测且比较相对误差后取平均值。

四、注意事项

(1) 钢卷尺必须经过鉴定才能使用。丈量前,要正确找出尺子的零点。丈量时,钢卷尺要拉平拉紧，用力要均匀。

(2) 爱护钢尺，勿沿地面拖拉，严防折绕、受压，用毕将尺擦净涂上机油，妥善保管。

(3) 插测钎时，测钎要竖直，若地面坚硬，可在地上作出相应记号。

实训表格见附表九：距离测量计算表。

实训十五　距离测设

一、实训目的

(1) 练习水平距离测设的方法。

(2) 掌握钢尺在测设工作中的操作步骤。

(3) 每组测设两段距离。

(4) 距离测设的相对误差不大于 1/5 000。

二、仪器与工具

(1) 仪器室借领：钢卷尺 1 把，测钎 4 根，记录板 1 块，伞 1 把。

(2) 自备：计算器、铅笔、草稿纸。

三、实训方法与步骤

(1) 设在地上测设一段水平距离 AB，使其等于设计长度 D，从 A 点起，沿地面指定方向 AB 量一段距离等于 D，打下 20 cm×20 cm 木桩，桩上钉一小钉以标志 B' 点。

(2) 用钢卷尺精密测定 AB' 的距离，得 AB' 的水平距离 D'，根据设计长度 D 求得 B' 点的改正数 $BB'=D-D'$。

(3) 根据 BB' 为正数或负数，而将 B' 点在 AB 方向上向内或向外改动 BB'，则 AB 为所测设的水平距离。

(4) 再检测 AB 的距离，其与设计值的相对误差不大于 1/5 000。

四、注意事项

量距时，钢卷尺要拉直、拉平、拉稳，前尺手不得握住尺盒拉紧钢卷尺。

实训表格见附表九：距离测量计算表。

实训十六　罗盘仪的认识与使用

一、实训目的

掌握用罗盘仪测定磁方位角的方法和正、反方位角的关系平均值的计算方法。

二、实训内容

用罗盘仪测定一条直线的正、反磁方位角，并比较后取平均值。

三、仪器及工具

罗盘仪1套，标杆2根，量角器1个，比例尺1把，坐标纸1张；自备铅笔、小刀、记录板、记录表格等。

四、实训方法提示

(1) 在 A 点安置罗盘仪，对中整平后，松开磁针固定螺丝，使磁针能自由旋转，用望远镜瞄准 B 点，读取磁针北端在刻度盘上的读数(若物镜与刻度盘的 180° 在同一侧，则用磁针南端读数)，即为 AB 边的正磁方位角；顺时针转动罗盘盒，用望远镜瞄准 F 点，同法读数，即为 FA 边的反磁方位角。

(2) 将罗盘仪搬至 B 点安置，瞄准 C 点，测出 BC 边的正磁方位角；瞄准 A 点，测出 AB 边的反磁方位角。同法分别在 C,D,E,F 等点分别安置仪器观测读数。若各边正、反磁方位角的差值在 179° ～ 180° 之间，取其平均值作为最后的结果，即

$$\alpha_{平均} = 1/2[\alpha_{正} + (\alpha_{反} \pm 180°)]$$

若未布设导线，则在各直线两端分别安置罗盘仪，观测其正、反磁方位角。

五、注意事项

(1) 选点时要注意避开导磁金属及高压线的干扰，取出仪器或搬站时要先固定好磁针。

(2) 测定磁方位角时，要认清磁针的指北、指南针，弄清应该用指北针还是指南针读数。

(3) 各边正、反方位角值要及时比较，若误差超限，应立刻查明原因并重测。

实训表格见附表十：罗盘仪测磁方位角记录表。

实训十七　经纬仪导线测量

一、实训目的

(1) 掌握经纬仪导线外业观测。

(2) 掌握导线内业计算、展点的方法。

二、仪器及工具

(1) 仪器室借领：DJ6 经纬仪 1 台，经纬仪脚架 1 个，水准尺 2 把，标杆 2 根，钢尺 1 把，测钎 4 ～ 6 根，斧子 1 把，木桩及小钉若干，坐标纸 1 张，三棱尺 1 把。

(2) 自备：铅笔、小刀、记录表格、计算器。

三、实训方法与步骤

1. 外业观测

(1) 选点。根据选点注意事项，在测区内选定 4 ～ 6 个导线点组成闭合导线，在各导线点打下木桩，钉上小钉或用油漆标定点位，绘出导线略图。

(2) 量距。用钢尺往、返丈量各导线边的边长(读至毫米)，若相对误差小于 1/3 000，则取

其平均值。

(3) 测角。采用经纬仪测回法观测闭合导线各转折角(内角),每角观测一个测回,若上、下半测回差不超$\pm 40''$,则取平均值。

(4) 计算角度闭合差和导线全长相对闭合差。外业成果合格后,内业计算各导线点的坐标。

2. 内业计算

(1) 检查核对所有已知数据和外业数据资料。

(2) 角度闭合差的计算和调整。

角度闭合差:
$$f_\beta = \sum \beta - (n-2) \times 180°$$

限差:
$$f_{\beta容} = \pm 40'' \sqrt{n}$$

(3) 坐标方位角的推算。

顺时针编号时:
$$\alpha_{前} = \alpha_{后} + 180° - \beta_{右}$$

逆时针编号时:
$$\alpha_{前} = \alpha_{后} + \beta_{左} - 180°$$

由起始角 α_{AB} 算起,应再算回 α_{AB},并校核无误。

(4) 坐标增量计算。

$$\Delta X_{AB} = D_{AB} \cos\alpha_{AB}$$
$$\Delta X_{AB} = D_{AB} \sin\alpha_{AB}$$

(5) 坐标增量闭合差的计算和调整。

纵坐标增量闭合差:
$$f_X = \sum \Delta X_{测}$$

横坐标增量闭合差:
$$f_Y = \sum \Delta Y_{测}$$

导线全长绝对闭合差:
$$f_X = \sqrt{f_X^2 + f_Y^2}$$

导线全长相对闭合差:
$$K = \frac{f}{\sum D}$$

若 $K < \frac{1}{2\ 000}$,符合精度要求,可以平差。将 f_X,f_Y 按符号相反,边长成正比例的原则分配给各边,余数分给长边。各边分配数如下:

$$V_{xi} = -\frac{f_X}{\sum D} \times D_i$$

$$V_{yi} = -\frac{f_Y}{\sum D} \times D_i$$

分配后要符合

$$\sum V_X = -f_X$$
$$\sum V_Y = -f_Y$$

(6) 坐标计算。若未与国家控制点连测,可假定起点坐标。

$$X_B = X_A + \Delta X_{AB}$$
$$Y_B = Y_A + \Delta Y_{AB}$$

由 X_A,Y_A 算起,应再算回 X_A,Y_A,并校核无误。

(7) 展点。根据所选比例尺大小及起点在测区位置，在坐标纸上绘出纵、横坐标线。根据各导线点坐标，将其展绘在图纸上，并将坐标注于其旁。

四、注意事项

(1) 相邻导线点间应互相通视，边长以 60 ～ 80 m 为宜。若边长较短，测角时应特别注意，提高对中和瞄准的精度。

(2) 若未与国家控制网连测，起点坐标可假定，要考虑使其他点位不出现负值。

实训表格见附表十一：导线坐标计算表。

实训十八　点位测设的基本工作

一、实训目的

掌握水平角、水平距和高程测设的基本方法。

二、仪器及工具

(1) 仪器室借领：经纬仪 1 套，水准仪 1 套，钢尺 1 把，水准尺 2 把，测钎 4 ～ 6 根，记录板 1 块，木桩，小钉若干。

(2) 自备：铅笔、小刀、橡皮、计算器。

三、实训方法与步骤

指导教师在现场布置 O,A 两点（距离 40 ～ 60 m）并假定 O 点的高程为 50.500 m。现欲测设 B 点，使 $\angle AOB=45°$（或其他度数，由指导教师根据场地而定，下同），OB 的长度为 50 m，B 点的高程为 51.000 m。

1. 水平角的测设

(1) 将经纬仪安置于 O 点，用盘左后视 A 点，并使水平盘读数为 $0°00'00''$。

(2) 顺时针转动照准部，水平度盘读数确定 45°，在望远镜视准轴方向上标定点 B'（长度约为 50 m）。

(3) 倒镜，用盘右后视 A 点，读取水平度盘读数为 α，顺时针转动照准部，使水平度盘读数确定在$(\alpha+45°)$，同样的方法在地面上标定 B'' 点，$OB''=OB'$。

(4) 取 $B'B''$ 连线的中点 B，则 $\angle AOB$ 即为欲测设的 45° 角。

2. 水平距离的测设

(1) 根据现场已定的起点 O 和方向线，先进行直线定线，然后分两段丈量，使两段距离之和为 50 m，定出直线另一端点 B'。

(2) 返测 $B'O$ 的距离，若往、返测距离的相对误差不大于 1/3 000，则取往、返丈量结果的平均值作为 OB' 的距离 D。

(3) 求 $B'B=50-D$，调整端点位置 B' 至 B，当 $B'B>0$ 时，B' 往前移动；反之，往后移动。

3. 高程的测设

(1) 安置水准仪于 O,B 点的约等距离处，整平仪器后，后视 O 点上的水准尺，得水准尺读

数为 a。

(2) 在 B 点处钉一木桩，转动水准仪的望远镜，前视 B 点上的水准尺，使尺缓缓上下移动，当尺读数恰为 $b(b=50.500+a-51.000)$ 时，则尺底的高程即为 51.000 m，用笔沿尺底划线标出。

施测时，若前视读数大于 b，说明尺底高程低于欲测设的设计高程，应将水准尺慢慢提高至符合要求为止；反之应降低尺底。

四、注意事项

实验每完成一项，应请指导教师对测设的结果进行检核(或在教师的指导下自检)；检核时，角度测设的限差不大于 $\pm 40''$，距离测设的相对误差不大于 1/3 000，高程测设的限差不大于 ± 10 mm。

实训表格见附表一、附表四、附表九。

实训十九　碎部测量

一、实训目的

掌握经纬仪测绘法(经纬仪配合量角器)进行碎部测量的基本方法。

二、仪器及工具

(1)仪器室借领：经纬仪 1 套，视距尺 2 把，标杆 1 根，皮尺 1 副或钢尺 1 把，图板 1 块，计算器 1 部，比例尺尺子 1 把，《地形图图式》1 本。

(2)自备：量角器、三角板、大头针、铅笔、橡皮、小刀、记录表格等。

三、实训方法与步骤

(1) 在控制点 A 安置经纬仪，对中整平；在控制点 B 立标杆，以盘左位置瞄准 B 点杆，将水平度盘配置为 $0°00'00''$；用小针将量角器中心钉在图上 A 点。

(2) 将视距尺与仪器同高处作标记，按确定路线在已选定的碎部点上分别竖立视距尺，经纬仪盘左位置用十字丝交点照准标记，按视距测量方法观测记录水平角、竖盘读数、上丝、下丝；计算经纬仪至碎部点间的水平距离和高差；再根据 A 点高程计算碎部点的高程，同时记下碎部点名称。

(3) 根据水平角和水平距离用量角器和比例尺将碎部点展绘于图上，高程注于其旁。随测随连地物轮廓线和地貌特征线，对照实地地形用相应的图式符号表示地物，用计算法或图解法在地貌特征线上求等高线通过点，并连接相关点即得等高线。

(4) 对照实地检查无漏测、错测后，搬迁测站，同法测绘，直至测完指定范围。最后整饰地形图。

四、注意事项

(1) 测图比例尺及等高距可根据实际情况自定。

(2) 经纬仪观测过程中，每测 20 点左右要重新瞄准归零方向线，检查水平度盘是否为 0°00′00″，若变动超过 ±4′，则应检查所测碎部数据。

(3) 水平角、距离、高程分别精确到分(′)、分米(dm)、厘米(cm)

(4) 测图过程中应保持图面整洁，碎部点高程的注记应在点位右侧，字头朝北。

实训表格见附表十二：经纬仪碎部测量记录表。

实训二十　全站仪的认识与使用

一、实训目的

(1) 认识全站仪的构造及功能键。

(2) 掌握全站仪的基本操作。

二、仪器与工具

(1) 仪器室借领：全站仪 1 套，棱镜 1 套，测伞 1 把，记录板 1 块。

(2) 自备：铅笔、表格、草稿纸。

三、实训方法与步骤

下面以 TOPCON GTS—602 型全站仪为例叙述全站仪的一般操作方法。

1. 安置仪器

(1) 在测站点 A 安置全站仪，对中、整平。如果使用外接电源，用电缆线连接电源与全站仪。

(2) 在测点安置三脚架，进行对中、整平，并将棱镜安装在三脚架上。通过棱镜上的缺口使棱镜对准望远镜，在棱镜架上安装照准用觇板。

2. 检测

开机，检测电源电压，看是否满足测距要求。

3. 测前准备

对全站仪进行设定：

(1) 设定距离单位为 m。

(2) 设定角度单位为六十进制度(即度分秒显示形式)，设定角度的小数位数为 4 位(最小显示为 1″)。

(3) 设定气温单位为 ℃，设定气压单位与所用气压计的单位一致。

(4) 输入全站仪的棱镜常数和测距常数(测距常数由仪器检定确定)。

4. 测角

与用光学经纬仪测角的不同之处：照准目标后，水平度盘读数 HR 或 HL 及竖直度盘读数 V 即直接显示在屏幕上。

5. 测定距离、高差、坐标及高程

以下(1)，(2) 步是为坐标测量做准备，当只须测定距离、高差时，可从第(3) 步开始。

(1) 照准控制点 B(可假定),将 AB 方向的水平度盘读数设定为直线 AB 的方位角(可假定,但应尽可能与实际方位一致)。

(2) 输入测站点 A 的坐标(X,Y,Z)(可假定)。

(3) 量仪器高 h_i 并输入全站仪。

(4) 量棱镜高 h_r 并输入全站仪。

(5) 测定气温、气压并输入全站仪。

(6) 选定距离测量模式为精测模式。

(7) 用望远镜照准测点的觇板中心,按测距键,即显示测量结果。

(8) 在视线方向上竖立标杆棱镜,进行跟踪测距,同时使标杆棱镜沿视线方向移动,屏幕连续显示测量结果。

四、注意事项

(1) 不同厂家生产的全站仪,其功能和操作方法会有较大的差别,实习前须认真阅读其中的有关内容或全站仪的操作手册。

(2) 全站仪是很贵重的精密仪器,在使用过程中要十分细心,以防损坏。

(3) 在测距方向上不应有其他的反光物体(如其他棱镜、水银镜面、玻璃等),以免影响测距成果。

(4) 不能把望远镜对向太阳或其他强光,在测程较大、阳光较强时要分别给全站仪和棱镜打伞。

(5) 连接及断开外接电源时应在教师指导下进行,以免损坏插头。

(6) 全站仪的电池在充电前须先放电,充电时间也不能过长,否则会使电池容量减小,寿命缩短。

(7) 电池应在常温下保存,长期不用时应每隔 3 ~ 4 个月充电一次。

(8) 外业工作时应有备用电池,以防电池不够用。

实训二十一　NTS 全站仪的使用

一、实训目的

掌握 NTS 全站仪的结构及常用功能,学会全站仪的数据传输、CASS 6.1 绘图软件的使用等。

二、实训内容

角度测量,距离测量,坐标测量,标准测量,对边测量,悬高测量,点放样,距离放样,面积计算,全站仪的数据传输,CASS 6.1 绘图软件的使用等。

三、实训仪器及工具

全站仪、棱镜、三脚架等。

四、实训方法提示

1. 全站仪的安置

(1) 安置三脚架：首先，将三脚架打开，伸到适当高度，拧紧3个固定螺旋。

(2) 将仪器安置到三脚架上：将仪器小心地安置到三脚架上，松开中心连接螺旋，在架头上轻移仪器，直到锤球对准测站点标志中心，然后轻轻拧紧连接螺旋。

(3) 利用圆水准器粗平仪器。

1) 旋转两个脚螺旋 A,B，使圆水准器气泡移到与上述两个脚螺旋中心连线相垂直的一条直线上。

2) 旋转脚螺旋 C，使圆水准器气泡居中。

(4) 利用长水准器精平仪器。

1) 松开水平制动螺旋，转动仪器使管水准器平行于某一对脚螺旋 A,B 的连线。再旋转脚螺旋 A,B，使管水准器气泡居中。

2) 将仪器绕竖轴旋转 90°(100g)，再旋转另一个脚螺旋 C，使管水准器气泡居中。

3) 再次旋转 90°，重复 1)，2)，直至4个位置上气泡居中为止。

(5) 利用光学对中器对中。根据观测者的视力调节光学对中器望远镜的目镜。松开中心连接螺旋，轻移仪器，将光学对中器的中心标志对准测站点，然后拧紧连接螺旋。在轻移仪器时不要让仪器在架头上有转动，以尽可能减少气泡的偏移。

(6) 精平仪器。按第(4)步精确整平仪器，直到仪器旋转到任何位置时，管水准器气泡始终居中为止，然后拧紧连接螺旋。

2. 角度测量

(1) 水平角右角和垂直角的测量。确认处于角度测量模式后，具体操作见表2-3。

表2-3　角度测量模式操作过程及显示

操作过程	操　作	显　示
①照准第一个目标 A	照准 A	V：82°09′30″ HR：90°09′30″ 置零　锁定　置盘　P1↓
②设置目标A的水平角为0°00′00″ 按[F1](置零)键和[F3](是)键	[F1] [F3]	水平角置零 >OK? ——— ———[是][否] V：82°09′30″ HR：0°00′00″ 置零 锁定 置盘 P1↓
③照准第二个目标 B，显示目标 B 的V/H	照准目标 B	V：92°09′30″ HR：67°09′30″ 置零 锁定 置盘 P1↓

(2)水平角的设置。

1)通过锁定角度值进行设置。确认处于角度测量模式后,具体操作见表2-4。

表2-4 通过锁定角度值进行设置操作过程及显示

操作过程	操 作	显 示
①用水平微动螺旋转到所需的水平角	显示角度	V: 122°09′30″ HR: 90°09′30″ 置零 锁定 置盘 P1↓
②按F2(锁定)键	F2	水平角锁定 HR: 90°09′30″ >设置? ——— ———[是][否]
③照准目标	照 准	
④按F3(是)键完成水平角设置*1),显示窗变为正常的角度测量模式	F3	V:122°09′30″ HR:90°09′30″ 置零 锁定 置盘 P1↓

*1)若要返回上一个模式,可按F4(否)键

2)通过键盘输入进行设置。确认处于角度测量模式后,具体操作见表2-5。

表2-5 通过键盘输入进行设置操作过程及显示

操作过程	操 作	显 示
①照准目标	照 准	V: 122°09′30″ HR: 90°09′30″ 置零 锁定 置盘 P1↓
②按F3(置盘)键	F3	水平角设置 HR: 输入 ——— ———[回车]
③通过键盘输入所要求的水平角*1),如150°10′20″	F1 150.1020 F4	V: 122°09′30″ HR: 150°10′20″ 置零 锁定 置盘 P1↓

随后即可从所要求的水平角进行正常的测量

3. 距离测量

(1)连续测量。确认处于测角模式后，具体操作见表 2－6。

表 2－6　距离测量(连续测量)设置操作过程及显示

操作过程	操　作	显　示
①照准棱镜中心	照　准	V：90°10′20″ HR：170°30′20″ H一蜂鸣 R/L 竖角 P3↓
②按 [◢] 键，距离测量开始＊1)，2)	[◢]	HR：170°30′20″ HD＊[r] <<m V：m 测量 式 S/A P1↓ HR：170°30′20″ HD＊ 235.343m VD：235.51m 测量 式 S/A P1↓
显示测量的距离＊3)～＊6) 再次按 [◢] 键，显示变为水平角(HR)、垂直角(V)和斜距(SD)	[◢]	V：90°10′20″ HR：170°30′20″ SD＊ 241.551m 测量 模式 S/A P1↓

＊1)当光电测距(EDM)正在工作时，“＊”标志就会出现在显示窗；

＊2)将模式从精测转换到跟踪；

在仪器电源打开状态下，要设置距离测量模式；

＊3)距离的单位表示为：“m”(米)或“ft”(英尺)，并随着蜂鸣声在每次距离数据更新时出现；

＊4)如果测量结果受到大气抖动的影响，仪器可以自动重复测量工作；

＊5)要从距离测量模式返回正常的角度测量模式，可按 [ANG] 键；

＊6)对于距离测量，初始模式可以选择显示顺序(HR，HD，VD)或(V，HR，SD)

(2)*N* 次测量/单次测量。输入测量次数后，仪器就按设置的次数进行测量，并显示出距离平均值。当输入测量次数为 1 时，因为是单次测量，所以仪器不显示距离平均值。确认处于测角模式后，具体操作见表 2－7。

表 2-7　距离测量(*N* 次测量/单次测量)设置操作过程及显示

操作过程	操　作	显　示
①照准棱镜中心	照　准	V：122°09′30″ HR：90°09′30″ 置零 定 置盘 P1↓
② 按 [◢] 键，连续测量开始＊1)	[◢]	HR：170°30′20″ HD＊[r] <<m V：m 测量 模式 S/A P1↓
③当连续测量不再需要时，可按[F1](测量)键＊2)，测量模式为 *N* 次测量模； 当光电测距(EDM)正在工作时，再按 F1(测量)键，模式转变为连续测量模式	[F1]	HR：170°30′20″ HD＊[n] <<m V：m 测量 模式 S/A P1↓ HR：170°30′20″ HD：566.346 m VD：89.678 m 测量 模式 S/A P1↓
＊1)在仪器开机时，测量模式可设置为 *N* 次测量模式或者连续测量模式； ＊2)在测量中，要设置测量次数(*N* 次)		

4. 坐标测量

通过输入仪器高和棱镜高后测量坐标时，可直接测定未知点的坐标。

进行坐标测量，具体操作见表 2-8。

注意：要先设置测站坐标、测站高、棱镜高及后视方位角。

表 2-8　坐标测量模式操作过程及显示

操作过程	操　作	显　示
① 设置已知点 *A* 的方向角＊1)	设置方向角	V：122°09′30″ HR：90°09′30″ 置零 锁定 置盘 P1↓
②照准目标 *B*	照准棱镜	N：<< m E：m Z：m 测量 模式 S/A P1↓

续表

操作过程	操　作	显　示
③按 F1 (测量)键,开始测量	F1	N * 286.245 m E: 76.233 m Z: 14.568 m 测量 模式 S/A P1↓

* 1)在测站点的坐标未输入的情况下,(0,0,0)作为缺省的测站点坐标;
当仪器高未输入时,仪器高以 0 计算;当棱镜高未输入时,棱镜高以 0 计算

5. 标准测量

(1)设置测站点。可利用内存中的坐标数据来设定或直接由键盘输入。利用内存中的坐标数据来设置测站点的具体操作见表 2-9。

表 2-9　测站点设置操作过程及显示

操作过程	操　作	显　示
①由数据采集菜单 1/2,按 F1 (输入测站点)键,即显示原有数据	F1	点号 ->PT-01 标识符 : 仪高: 0.000 m 输入 查找 记录 测站
②按 F4 (测站)键	F4	测站点 点号: PT-01 输入 调用 坐标 回车
③按 F1 (输入)键	F1	测站点 点号: PT-01 回退 空格 数字 回车
④输入点号,按 F4 键	输入点号 F4	点号 ->PT-11 标识符 : 仪高: 0.000 m 输入 查找 记录 测站
⑤输入标识符,仪高 * 1)	输入标识符 输入仪高	点号 ->PT-11 标识符 : 仪高: 1.235 m 输入 查找 记录 测站

续表

操作过程	操　作	显　示
⑥按[F3](记录)键	[F3]	点号 －>PT－11 标识符： 仪高－> 1.235 m 输入 查找 记录 测站 >记录？[是][否]
⑦按[F3](是)键，显示屏返回数据采集菜单1/3	[F3]	数据采集 1 / 2 F1：输入测站点 F2：输入后视点 F3：测量 P↓

*1)如果不需要输入仪高(仪器高)，则可按[F3](记录)键；
在数据采集中存入的数据有点号、标识符和仪高；
如果在内存中找不到给定的点，则在显示屏上就会显示“该点不存在”

(2)设置后视点。通过输入点号设置后视点将后视定向角数据寄存在仪器内，具体操作见表2－10。

表2－10　输入点号设置后视点将后视定向操作过程及显示

操作过程	操　作	显　示
①由数据采集菜单1/2，按[F2](后视)，即显示原有数据	[F2]	后视点 －> 编码： 镜高：0.000 m 输入 置零 测量 后视
②按[F4](后视)键*1)	[F4]	后视 点号－> 输入 调用 NE/AZ [回车]
③按[F1](输入)键	[F1]	后视 点号： 回退 空格 数字 回车

续表

操作过程	操　作	显　示
④输入点号，按[F4](ENT)键 按同样方法，输入点编码，反射镜高＊2)	输入 PT＃F4	后视点 －＞PT－22 编码 ： 镜高 ：0.000 m 输入 置零 测量 后视
⑤按[F3](测量)键	[F3]	后视点 －＞PT－22 编码 ： 镜高 ：0.000 m 角度斜距 坐标 ———
⑥照准后视点 选择一种测量模式并按相应的软键，例：[F2](斜距)键 进行斜距测量，根据定向角计算结果设置水平度盘读数测量结果被寄存，显示屏返回到数据采集菜单 1/2	照准 [F2]	V：90°00′00″ HR：0°00′00″ SD＊ <<< m >测量… 数据采集 1 / 2 F1：输入测站点 F2：输入后视点 F3：测量 P↓

＊1)每次按[F3]键，输入方法就在坐标值、设置角和坐标点之间交替交换；

＊2)如果在内存中找不到给定的点，则在显示屏上就会显示“该点不存在”

(3)碎部测量。即进行待测点测量，并存储数据。具体操作见表 2－11。

表 2－11　待测点的测量/存储数据操作过程及显示

操作过程	操　作	显　示
①由数据采集菜单 1/2，按[F3](测量)键，进入待测点测量	[F3]	数据采集 1 / 2 F1:测站点输入 F2:输入后视 F3:测量 P↓ 点号 －＞ 编码 ： 镜高 ：0.000 m 输入 查找测量同前

续表

操作过程	操　作	显　示
②按 F1 (输入)键，输入点号后＊1)，按 F4 确认	F1 输入点号 F4	点号＝ PT－01 编码 ： 镜高 ：0.000 m 回退空格 数字 回车 点号 ＝ PT－01 编码 －> 镜高 ：0.000 m 输入 查找 测量 同前
③按同样方法输入编码，棱镜高＊2)	F1 输入编码 F4 F1 输入镜高 F4	点号：PT－01 编码 －> SOUTH 镜高 ：1.200 m 输入 查找 测量 同前 角度 ＊斜距 坐标 偏心
④按 F3 (测量)键	F3	
⑤照准目标点	照　准	
⑥按 F1 到 F3 中的一个键 例：F2 (斜距)键 开始测量 数据被存储，显示屏变换到下一个镜点	F2	V：90°00′00″ HR：0°00′00″ SD＊ [n] <<< m >测量… < 完成>
⑦输入下一个镜点数据并照准该点		点号 －>PT－02 编码 ：SOUTH 镜高 ：1.200 m 输入 查找 测量 同前
⑧按 F4 (同前)键 按照上一个镜点的测量方式进行测量 测量数据被存储 按同样方式继续测量 按 ESC 键即可结束数据采集模式	照　准 F4	V：90°00′00″ HR：0°00′00″ SD＊ [n] <<< m >测量… < 完成>

＊1)点编码可以通过输入编码库中的登记号来输入，为了显示编码库文件内容，可按 F2(查找)键；

＊2)符号“＊”表示先前的测量模式

6. 对边测量(见图 2－18)

对边测量模式有两个功能。

(1)MLM－1($A-B$,$A-C$):测量 $A-B$,$A-C$,$A-D$……

(2)MLM－2($A-B$,$B-C$):测量 $A-B$,$B-C$,$C-D$……

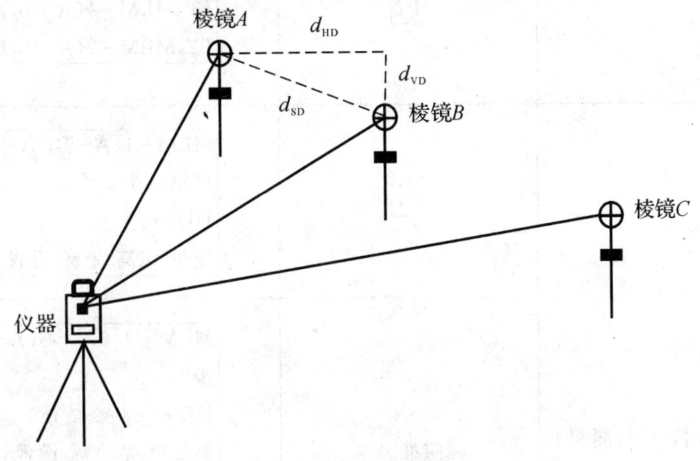

图 2－18　对边测量

必须设置仪器的方向角,例如

MLM－1($A-B$,$A-C$)

MLM－2($A-B$,$B-C$)模式的测量过程与 MLM－1 模式完成相同,具体操作见表2－12。

表 2－12　对边测量模式操作过程及显示

操作过程	操　作	显　示
①按[MENU]键,再按[F4](P↓),进入第 2 页菜单	[MENU] [F4]	菜单 2 / 3 F1:程序 F2:格网因子 F3:照明 P1↓
②按[F1]键,进入程序	[F1]	菜单 1 / 2 F1:悬高测量 F2:对边测量 F3:Z 坐标 P1↓
③按[F2](对边测量)键	[F2]	对边测量 F1:使用文件 F2:不使用文件
④按[F1]或[F2]键,选择是否使用坐标文件 [例:F2:不使用坐标文件]	[F2]	格网因子 F1:使用格网因子 F2:不使用格网因子

续 表

操作过程	操 作	显 示
⑤按[F1]或[F2]键，选择是否使用坐标格网因子	[F2]	对边测量 F1:MLM-1(A—B,A—C) F2:MLM-2(A—B,B—C)
⑥按[F1]键	[F1]	MLM-1(A—B, A—C) <第一步> HD: m 测量 镜高 坐标 设置
⑦照准棱镜 *A*，按[F1]（测量）键显示仪器至棱镜 *A* 之间的平距(HD)	照准 *A* [F1]	MLM-1 (A—B,A—C)<第一步> HD*[n]<< m 测量镜高 坐标 设置 XMLM-1 (A—B,A—C) <第一步> HD* 287.882 m 测量 镜高 坐标 设置
⑧测量完毕，棱镜的位置被确定	[F4]	MLM-1 (A—B,A—C) <第二步> HD: m 测量 镜高 坐标 设置
⑨照准棱镜 *B*，按[F1]（测量）键显示仪器到棱镜 *B* 的平距(HD)	照准 *B* [F1]	MLM-1 (A—B,A—C) <第二步> HD* << m 测量 镜高 坐标 设置 MLM-1(A—B,A—C) <第二步> HD* 223.846 m 测量 镜高 坐标 设置
⑩测量完毕，显示棱镜 *A* 与 *B* 之间的平距(d_{HD})和高差(d_{VD})	[F4]	MLM-1(A—B,A—C) dHD: 21.416 m dVD: 1. 256 m ——— ——— 平距 ———

续表

操作过程	操 作	显 示
⑪按 [◢] 键,可显示斜距 (d_{SD})	[◢]	MLM-1 (A-B, A-C) dSD: 263.376 m HR: 10°09′30″ --- --- 平距 ---
⑫测量 A,C 之间的距离,按 [F3](平距) *1)	[F3]	MLM-1 (A-B, A-C) <第二步> HD: m 测量 镜高 坐标 设置
⑬照准棱镜 C,按 [F1](测量)键显示仪器到棱镜 C 的平距(HD)	照准棱镜 C [F1]	MLM-1 (A-B,A-C) <第二步> HD:<<m 测量 镜高 坐标 设置
⑭测量完毕,显示棱镜 A 与 C 之间的平距(d_{HD}),高差(d_{VD})	[F4]	MLM-1 (A-B,A-C) dHD: 3.846 m dVD: 12. 256 m --- --- 平距 ---
⑮测量 $A-D$ 之间的距离,重复操作步骤 ⑫~⑭ *1)		

*1)按 ESC 键,可返回到上一个模式

7. 悬高测量(见图 2-19)

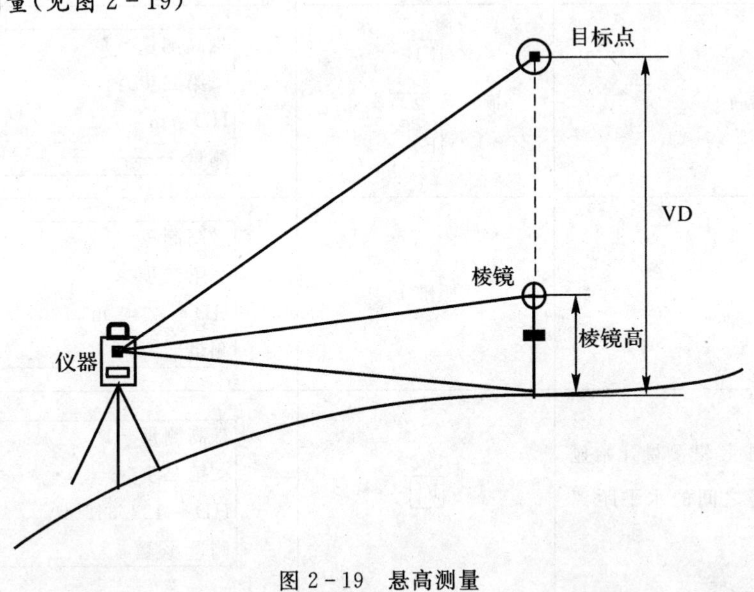

图 2-19 悬高测量

为了得到不能放置棱镜的目标点高度，只须将棱镜架设于目标点所在铅垂线上的任一点，然后进行悬高测量。

(1)有棱镜高(h)输入的情形(例：$h=1.3$m)。具体操作见表 2-13。

表 2-13　悬高测量模式操作过程及显示

操作过程	操　作	显　示
①按[MENU]键，再按[F4](P↓)键，进入第 2 页菜单	[MENU] [F4]	菜单 2 / 3 F1：程序 F2：格网因子 F3：照明 P1↓
②按[F1]键，进入程序	[F1]	程序 1/2 F1：悬高测量 F2：对边测量 F3：Z 坐标
③按[F1](悬高测量)键	[F1]	悬高测量 F1:输入镜高 F2:无需镜高
④按[F1]键	[F1]	悬高测量－1 <第一步> 镜高 ：0.000m 输入 ——— ——— 回车
⑤输入棱镜高	[F1] 输入棱镜高 1.3 [F4]	悬高测量－1 <第二步> HD ：m 测量 ——— ——— 设置
⑥照准棱镜	照准 P	悬高测量－1 <第二步> HD＊ << m 测量
⑦按[F1](测量)键测量开始显示仪器至棱镜之间的水平距离(HD)＊1)	[F1]	悬高测量－1 <第二步> HD＊ 123.342 m 测量 设置

续 表

操作过程	操　作	显　示
⑧测量完毕，棱镜的位置被确定	F4	悬高测量－1 VD ：3.435 m －－－ 镜高 平距 －－－
⑨照准目标 *K* 显示垂直距离(VD)＊2)	照准 K	悬高测量－1 VD ：24.287 m －－－ 镜高 平距 －－－

＊1)按F2(镜高)键，返回步骤⑤，按F3(平距)键，返回步骤⑥；

＊2)按ESC键，返回程序菜单

(2)没有棱镜高输入的情形。具体操作见表 2－14。

表 2－14　没有棱镜高输入模式操作过程及显示

操作过程	操　作	显　示
①按MENU键，再按F4，进入第 2 页菜单	MENU F4	菜单 2 / 3 F1：程序 F2：格网因子 F3：照明 P1↓
②按F1键，进入特殊测量程序	F1	菜单 F1：悬高测量 F2：对边测量 F3：Z 坐标
③按F1键，进入悬高测量	F1	悬高测量 1/2 F1：输入镜高 F2：无需镜高
④按F2键，选择无棱镜模式	F2	悬高测量－2 ＜第一步＞ HD ：m 测量－－－ －－－ 设置

续表

操作过程	操　作	显　示
⑤照准棱镜	照准 P	悬高测量－2 <第一步> HD＊ << m 测量 ——— ——— 设置
⑥按 F1 (测量)键测量开始显示仪器至棱镜之间的水平距离	F1	悬高测量－2 <第一步> HD＊ 287.567 m 测量 ——— ——— ———
⑦测量完毕,棱镜的位置被确定	F4	悬高测量－2 <第二步> V：80°09′30″ ——— ——— ——— 设置
⑧照准地面点 G	照准 G	悬高测量－2 <第二步> V：122°09′30″ ——— ——— ——— 设置
⑨按 F4 (设置)键,G 点的位置即被确定,＊1)	F4	悬高测量－2 VD：0.000 m ———垂直角 平距 ———
⑩照准目标点 K 显示高差(VD)＊2)	照准 K	悬高测量－2 V D：10.224 m ———垂直角 平距 ———

＊1)按 F3 (HD)键,返回步骤⑤,按 F2 (V)键,返回步骤⑧;

＊2)按 ESC 键,返回程序菜单

8. 点放样

(1)设置测站点:可采用直接输入测站点坐标。具体操作见表 2－15。

表 2－15　直接输入测站点坐标操作过程及显示

操作过程	操　作	显　示
①由放样菜单 1/2 按 F1（测站点号 输入）键，即显示原有数据	F1	测站点 点号：________ 输入 调用 坐标 回车
②按 F3（坐标）键	F3	N：0.000 m E：0.000 m Z：0.000 m 输入 ——— 点号 回车
③按 F1（输入）键，输入坐标值按 F4（ENT）键 *1）	F1 输入坐标 F4	N：10.000 m E：25.000 m Z：63.000 m 输入 ———点号 回车
④按同样方法输入仪器高，显示屏返回到放样菜单 1/2	F1 输入仪高 F4	仪器高 输入仪高：0.000 m 输入 ——— ——— 回车
⑤返回放样菜单	F1 输入 F4	放样 1 / 2 F1：输入测站点 F2：输入后视点 F3：输入放样点 P↓

*1）可以将坐标值存入仪器，参见“基本设置”

（2）设置后视点：可采用直接输入后视点坐标。具体操作见表 2－16。

表 2－16　直接输入后视点坐标操作过程及显示

操作过程	操　作	显　示
①由放样菜单 1/2 按 F2（后视）键，即显示原有数据	F2	后视 点号＝： 输入 调用 NE/AZ 回车
②按 F3（NE/AZ）键	F3	N－＞ 0.000 m E：0.000 m 输入 ——— 点号 回车

续表

操作过程	操作	显示
③按[F1](输入)键,输入坐标值按[F4](回车)键*1),2)	[F1] 输入坐标 [F4]	后视 H(B) = 120°30′20″ >照准?[是][否]
④照准后视点	照准后视点	
⑤按[F3](是)键,显示屏返回到放样菜单1/2	照准后视点 [F3]	放样 1 / 2 F1:输入测站点 F2:输入后视点 F3:输入放样点 P↓

*1)参阅“字母数字输入方法”;

*2)可以将坐标值存入仪器,参见“基本设置”

(3)实施放样:有两种方法可供选择,即通过点号调用内存中的坐标值和直接键入坐标值。例:调用内存中的坐标值,具体操作见表2-17。

表2-17 调用内存中的坐标值操作过程及显示

操作过程	操作	显示
①由放样菜单1/2按[F3](放样)键	[F3]	放样 1 / 2 F1:输入测站点 F2:输入后视点 F3:输入 放样点 P↓ 放样 点号:______ 输入 调用 坐标 回车
②[F1](输入)键,输入点号*1),按[F4](ENT)键*2)	[F1] 输入点号 [F4]	镜高 输入镜高:0.000 m 输入——— ——— 回车
③按同样方法输入反射镜高,放样点设定后,仪器就进行放样元素的计算 HR:放样点的水平角计算值 HD:仪器到放样点的水平距离计算值	[F1] 输入镜高 [F4]	计算 HR:122°09′30″ HD:245.777 m 角度 距离 —— ———

续 表

操作过程	操　作	显　示
④照准棱镜，按F1角度键 点号：放样点 HR：实际测量的水平角 d_{HR}：对准放样点仪器应转动的水平角＝实际水平角—计算的水平角 当 $d_{HR}=0°00'00''$时，即表明放样方向正确	照　准 F1	点号：LP－100 HR：2°09′30″ dHR：22°39′30″ 距离 －－－ 坐标 －－－
⑤按F1(距离)键 HD：实测的水平距离 d_{HD}：对准放样点高差的水平距离＝实测高差—计算高差＊2)	F1	HD＊[r] < m dHD：m dZ：m 角度 坐标 继续 HD＊ 245.777 m dHD：－3.223 m dZ：－0.067m 模式 角度 坐标 继续
⑥按F1(模式)键进行精测	F1	HD＊[r] < m dHD：m dZ：m 模式角度 坐标 继续 HD＊ 244.789 m dHD：－3.213 m dZ：－0.047 m 模式 角度 坐标 继续
⑦当显示值 d_{HR}，d_{HD}和 d_Z 均为0时，则放样点的测设已经完成		
⑧按F3(坐标)键，即显示坐标值	F3	N：12.322 m E：34.286 m Z：1.5772 m 模式 角度 －－－ 继续
⑨按F4(继续)键，进入下一个放样点的测设	F4	放样 点号：________ 输入 调用 坐标 回车

＊1)若文件中不存在所需的坐标数据，则无须输入点号；

＊2)可以使用填，挖显示功能，参见“基本设置”

9. 距离放样

该功能可显示出测量的距离与输入的放样距离之差。

测量距离－放样距离＝显示值

放样时可选择平距(HD),高差(VD)和斜距(SD)中的任意一种放样模式,具体操作见表2－18。

表 2－18 放样设置操作过程及显示

操作过程	操 作	显 示
①在距离测量模式下按 F4 (↓)键,进入第 2 页功能	F4	HR: 170°30′20″ HD: 566.346m VD: 89.678m 测量 模式 S/A P1↓ 偏心放样 m/f/i P2↓
②按 F2 (放样)键,显示出上次设置的数据	F2	放样 HD: 0.000 m 平距 高差 距 ———
③通过按 F1 － F3 键选择测量模式。 F1:平距, F2:高差, F3:斜距 例:水平距离	F1	放样 HD: 0.000 m 输入 ——— ——— 回车
④输入放样距离＊1),350 m	F1 输入 350 F4	放样 HD: 350.000 m 输入 ——— ——— 回车
⑤照准目标(棱镜)测量开始,显示出测量距离与放样距离之差	照准 P	HR: 120°30′20″ dHD＊[r] <<m VD: m 输入——— ——— 回车
⑥移动目标棱镜,直至距离差等于 0m 为止		HR: 120°30′20″ dHD＊[r] 25.688 m VD: 2.876 m 测量 模式 S/A P1↓

＊1)若要返回到正常的距离测量模式,可设置放样距离为 0m 或关闭电源

10. 面积计算

该模式用于计算闭合图形的面积，面积计算有如下两种方法：用坐标数据文件计算面积，用测量数据计算面积。

注意：①如果图形边界线相互交叉，则面积不能正确计算。②混合坐标文件数据和测量数据来计算面积是不可能的。③面积计算所用的点数是没有限制的。④所计算的面积不能超过 200 000 m^2 或 2 000 000ft^2。

(1)用坐标数据文件计算面积。具体操作见表 2-19。

表 2-19　用坐标数据文件计算面积操作过程及显示

操作过程	操　作	显　示
①按[MENU]键，再按[F4](P↓)，显示主菜单 2/3	[MENU] [F4]	菜单 2/3 F1：程序 F2：格网因子 F3：照明 P1↓
②按[F1]键，进入程序	[F1]	程序 1 / 2 F1：悬高测量 F2：对边测量 F3：Z 坐标 P1↓
③按[F4](P1↓)键	[F4]	程序 2 / 2 F1：面积 F2：点到线测量 P1↓
④按[F1](面积)键	[F1]	面积 F1:文件数据 F2:测量
⑤按[F1](文件数据)键	[F1]	选择文件 FN:__________ 输入调用 ——— 回车
⑥按[F1](输入)键，输入文件名后，按[F4]确认，显示初始面积计算屏	[F1] 输入 FN [F4]	面积 0000 m. sq 下点:DATA-01 点号 调用 单位 下点

续 表

操作过程	操 作	显 示
⑦按[F4]键(下点)*1),*2)文件中第1个点号数据(DATA－01)被设置,第2个点号即被显示	[F4]	面积 0000 m. sq 下点:DATA－02 点号 调用 单位 下点
⑧重复按[F4](下点)键,设置所需要的点号,当设置3个点以上时,这些点所包围的面积就被计算,结果显示在屏幕上	[F4]	面积 0000 156.144m. sq 下点:DATA－12 点号 调用 单位下点

*1)按[F1](点号)键,可设置所需的点号

*2)按[F2](调用)键,可显示坐标文件中的数据表

(2)用测量数据计算面积。具体操作见表 2-20。

表 2-20 用测量数据计算面积操作过程及显示

操作过程	操 作	显 示
①按[MENU]键,再按[F4](P↓)显示主菜单2/3	[MENU] [F4]	菜单 2 / 3 F1: 程序 F2: 格网因子 F3: 照明 P1↓
②按[F1]键,进入程序	[F1]	程序 1 / 2 F1: 悬高测量 F2: 对边测量 F3: Z坐标 P1↓
③按[F4](P1↓)键	[F4]	程序 2 / 2 F1: 面积 F2: 点到线测量 P1↓
④按[F1](面积)键	[F1]	面积 F1:文件数据 F2:测量

续 表

操作过程	操　作	显　示
⑤按[F2](测量)键	[F2]	面积 F1:使用格网因子 F2:不使用格网因子
⑥按[F1]或([F2])键,选择是否使用坐标格网因子。如选择[F2]不使用格网因子	[F2]	面积 0000 m.sq 测量 ——— 单位 ———
⑦照准棱镜,按[F1](测量)键,进行测量 *1)	照准 P [F1]	N*[n] << m E : m Z : m >测量……
⑧照准下一个点,按[F1](测量)键,测三个点以后显示出面积	照　准 [F1]	面积 0003 11.144m.sq 测量 ——— 单位 ———

*1)仪器处于 N 次测量模式

11. 全站仪的数据传输
12. CASS 6.1 绘图软件的使用

实训二十二　南方 9600 型 GPS 技术操作

一、实训目的

(1)掌握 9600 型 GPS 的结构及常用功能。
(2)学会 9600 型 GPS 的数据传输及绘图软件的使用。

二、仪器及工具

(1)仪器室借领:GPS 接收机 1 套,测伞 1 把,钢尺 1 把,记录板 1 块。
(2)自备:铅笔、草稿纸。

三、实训方法与步骤

1. 测前工作

(1)测绘资料的搜集与整理。在开始进行外业测量之前,现有测绘资料的搜集与整理也是一项极其重要的工作。需要收集整理的资料主要包括测区及周边地区可利用的已知点的相关资料(点志记、坐标等)和测区的地形图等。

(2)仪器的检验。对将用于测量的各种仪器包括 GPS 接收机及相关设备、气象仪器等进行检验,以确保它们能够正常工作。

2. 布网方法

设计的一般原则:

(1)应通过独立观测边构成闭合图形,以增加检核条件,提高网的可靠性。

(2)应尽量与原有地面控制网相重合,重合点一般不少于 3 个,且分布均匀。

(3)应考虑与水准点相重合 ,或在网中布设一定密度的水准联测点。

(4)点应设在视野开阔和容易到达的地方联测方向。

(5)可在网点附近布设一通视良好的方位点,以建立联测方向。

(6)根据 GPS 测量的不同用途,GPS 网的独立观测边均应构成一定的几何图形。基本形式:

1)三角形网(见图 2-20)。

优点:图形几何结构强,具有良好的自检能力,经平差后网中相邻点间基线向量的精度均匀。

缺点:观测工作量大。只有当网的精度和可靠性要求比较高时,才单独采用这种图形。

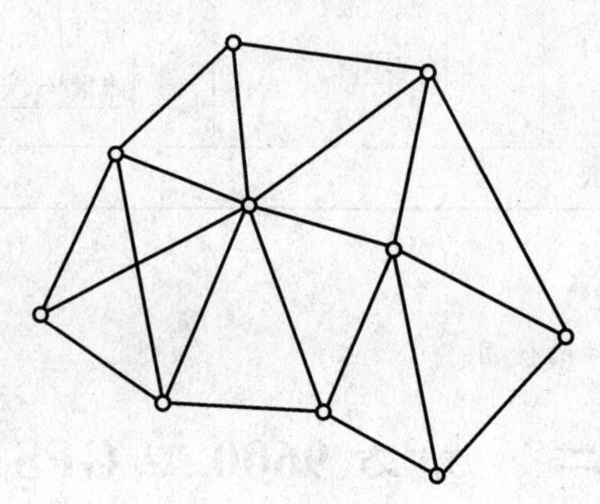

图 2-20 三角网

2)环形网(见图 2-21)。

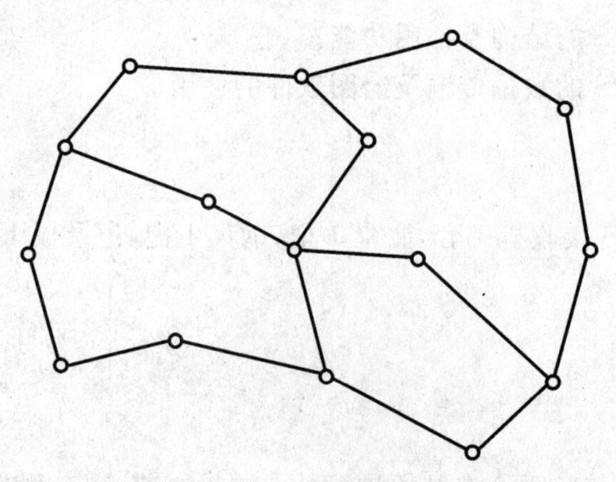

图 2-21 环形网

优点：观测工作量较小，且具有较好的自检性和可靠性。

缺点：非直接观测基线边(或间接边)精度较直接观测边低，相邻点间的基线精度分布不均匀，是大地测量和精密工程测量中普遍采用的图形。

3)星形网(见图2-22)。

优点：观测中只需要两台GPS接收机，作业简单。

缺点：几何图形简单，检验和发现粗差能力差，广泛用于工程测量、地籍测量和碎部测量等。

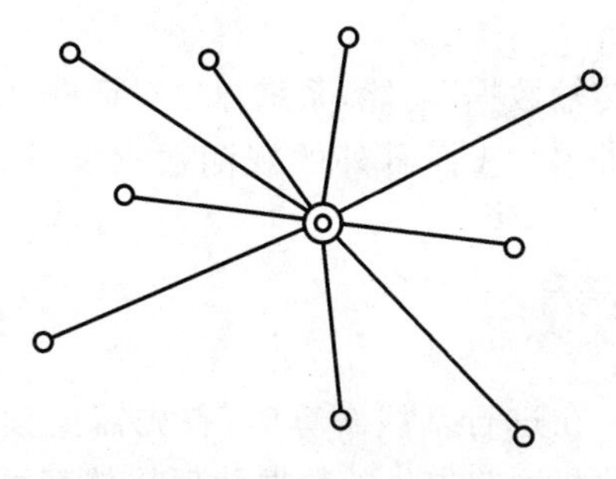

图2-22　星形网

3. 踏勘、选点埋石

按布网方法，安置GPS于测站上，对中、整平。

4. 开机，进入智能模式

按PWR键，打开主机电源后，延时10 s后自动进入默认采集方式“智能模式”。

注意：每一次只能用一种工作方式来采集数据。

5. 按F2键进入“设置”功能的操作

按F1设置采样间隔______ s，在工程上建议采用01 s。

按F2设置截止角______，在工程上建议采用5°。

按F3设置采点次数______，在工程上建议3次。

注意：同时工作的几台9600主机高度截止角、采样间隔最好保证一致，即同样的设置值。

6. 量取天线高(见表2-21)

表2-21　天线高量取表

接收机机号	点　号	时　段	天线高		
			开机时	关机时	平均值
01					
02					
03					

7. 内业数据传输

(1)连接前的准备。

1)保证9600主机电源充足，打开电源。

2)用通信电缆连接好电脑的串口 1(COM1)或串口 2(COM2)。

3)要等待(约 10 s)9600 主机进入主界面后再进行连接和传输(初始界面不能传输)。

4)设置要存放野外观测数据的文件夹,可以在数据通信软件中设置。

(2)进行通信参数的设置 。

选择“通讯”菜单中的“通讯接口”功能,系统弹出通信参数设置对话框,选择通信接口 COM1 或 COM2,鼠标单击“确定”按钮。

(3)连接计算机和 GPS 接收机。

(4)数据传输 。

1)选择“通讯”菜单中的“传输数据”功能,系统弹出对话框。

2)在 GPS 数据传输对话框中,选择野外的观测数据文件,鼠标单击“开始”,开始传输数据。

3)数据传完后,断开连接。

8. GPS 基线解算

(1) 原始观测数据的读入,在进行基线解算时,首先需要读取原始的 GPS 观测值数据。一般说来,各接收机厂商随接收机一起提供的数据处理软件都可以直接处理从接收机中传输出来的 GPS 原始观测值数据。

(2) 外业输入数据的检查与修改,在读入了 GPS 观测值数据后,就需要对观测数据进行必要的检查,检查的项目包括测站名、点号、测站坐标、天线高等。对这些项目进行检查的目的,是为了避免外业操作时的误操作。

(3) 设定基线解算的控制参数,基线解算的控制参数用以确定数据处理软件采用何种处理方法来进行基线解算。设定基线解算的控制参数是基线解算时的一个非常重要的环节,通过控制参数的设定,可以实现基线的精化处理。

(4) 基线解算的过程一般是自动进行的,无须过多的人工干预。

(5) 基线质量的检验。基线解算完毕后,基线结果并不能马上用于后续的处理,还必须对基线的质量进行检验,只有质量合格的基线才能用于后续的处理,如果不合格,则需要对基线进行重新解算或重新测量。基线的质量检验需要通过同步环闭和差、异步环闭和差和重复基线较差来进行。

(6) 结束。

9. GPS 基线向量网平差

GPS 基线解算就是利用 GPS 观测值,通过数据处理,得到测站的坐标或测站间的基线向量值。在采用 GPS 观测完整个 GPS 网后,经过基线解算可以获得具有同步观测数据的测站间的基线向量,为了确定 GPS 网中各个点在某一坐标系统下的绝对坐标,需要提供位置基准、方位基准和尺度基准,GPS 基线向量只含有在 WGS—84 下的方位基准和尺度基准,而布设 GPS 网的主要目的是确定网中各个点在某一特定局部坐标系下的坐标,这就需要通过平差,引入该坐标系下的起算数据来实现。

此外,GPS 基线向量网的平差,还可以消除 GPS 基线向量观测值和地面观测中由于各种类型的误差而引起的矛盾。根据平差所采用的坐标空间,可将 GPS 网平差分为三维平差和二维平差,根据平差所采用的观测值和起算数据的数量和类型,可将平差分为无约束平差、约束平差和联合平差等。

实训二十三　航片的立体观察、量测与野外判读

一、实训目的

(1)了解航片进行立体观察的条件,掌握用立体镜进行立体观察的方法。

(2)了解视差杆的构造,掌握用视差杆量测视差的方法。

(3)了解地物成像的规律和特征,掌握野外进行航片判读的要领。

二、仪器与工具

(1)仪器室借领:反光立体镜(或简易立体镜)1个,立体像对1对,视差杆1个,像片夹1个,图纸1张。

(2)自备:计算器、铅笔、草稿纸。

三、实训方法与步骤

(1)在一对像片上标出像片主点并刺点,用铅笔连线得像片基线。

(2)在一张50 cm×25 cm图纸上绘一直线,然后将左、右像片放在上面,使影像区重叠向内,像片基线与图上直线重合,移动两像片,使其主点相距约260 mm。

(3)在像对上方安置立体镜,移动立体镜,使眼基线与像片基线平行。

(4)通过目镜观察像对,调整左、右像片间距,使双眼同时凝视影像,影像重合得正立体效应。

(5)将左、右像片位置互换,重叠区向外,同法得反立体效应。

(6)将左、右像片在原来位置上各自旋转90°,两像片垂线相互平行,并与眼基线垂直,得零立体效应。

(7)观察视差杆分划值的刻划,练习读数。

(8)在正立体效应下,用视差杆对左、右像片的若干个同名像点进行观测,读至0.01 mm,得左、右视差。

(9)以已知航高的某点为起始点,计算它与各同名像点左、右视差,计算各点与已知点的高差及各点高程。

(10)在室内立体观察的基础上,初步确定判读路线与判读的重点地物。

(11)携带立体像对到像片影像地区进行实地判读。对照实地找出站立点在像片上的位置,并进行像片定向。

(12)根据成像规律与影像特征,对站立点附近的地物进行判读,从形状、大小、色调、阴影与相关地物着手,重点判读房屋、道路、水系等。

(13)按预定路线进行判读,并加以调绘。

四、注意事项

(1)实验过程中不能手摸立体镜的玻璃和透镜,不能折叠、雨淋或污损像片。

(2)判读时应注意像片的航摄季节及比例尺,分析某一地物特征,应综合考虑其与周围地

物的关系。

(3)实验结束时，每小组上交一份调绘资料。

实训二十四　建筑物主轴线放样

一、实训项目

(1)依据已知点，测设由5个主点 A,B,C,D,O 组成的主轴线；

(2)计算主轴线的调整值；

(3)对已测设的纵横主轴线进行调整。

二、实训目的

(1)熟练掌握常用的测量仪器(经纬仪、全站仪)的使用；

(2)掌握建筑物主轴线的放样方法及步骤、限差；

(3)掌握主轴线调整值的计算方法；

(4)掌握主轴线的调整方法。

三、实训组织和学时

每组4～5人，课内2学时。

四、实训仪器和工具

每组DJ2经纬仪1台(或全站仪1台，棱镜2个)，测钎2个，钢尺1把，木桩若干个，记录板1块，计算器1部等。

五、实训要求

(1)轴线宜选择在实习场地的中部；

(2)长轴线上的定位点，不得少于3个；

(3)轴线点的点位中误差，不应大于5 cm；

(4)放样后的主轴线点位，应进行角度检核及直线度检查；

(5)测定交角的测角限差，不应超过5″；

(6)直线度的限差，在180°±5″以内，长主轴线长度相对误差应不超过1/20 000～1/30 000；

(7)轴交点 O，应在长轴线上丈量全长后确定；

(8)短轴线，根据长轴线定向后测定，其测量精度与长轴线相同，交角的限差在90°±5″以内，短主轴线长度相对误差应不超过1/20 000～/30 000；

(9)注意调整归化值的方向和数值的准确性；

(10)绘制主轴线放样简图。

六、实训过程

1. 测设主轴线(见图 2－23)

依据主轴点的坐标值与附近的已知控制点,用极坐标法测设主轴线的点并用木桩标定到实地。

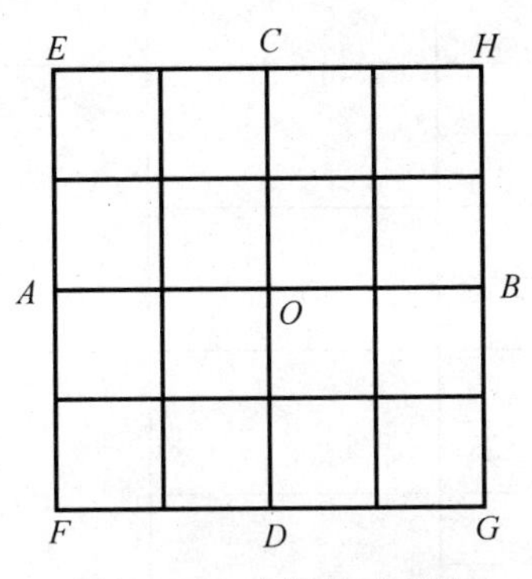

图 2－23 主轴线示意图

备注:主轴线的 5 个主点 A,B,C,D,O 的坐标值由实习教师给定或在给定的平面图上用图解法求得某一主轴线点的坐标值后,按主轴线的方位角与长度推导出其他主轴线点的测量坐标值。据得到的主轴线点的测量坐标值与附近的测量控制点,通过计算用极坐标法测设主轴线的点并标定到实地中。

2. 流程

第一步:测设长主轴线点 A,O,B;

第二步:交角检核,不应超过 5″;长主轴线点 A,O,B 的直线性检查,限差在 $180°\pm5''$ 以内;AO,BO 长度检核,相对误差应不超过 1/20 000 ～ /30 000;

第三步:计算调整值,调整 A,B,O 三定位点的位置(见图 2－24);

第四步:O 点安置 DJ2 经纬仪测设短轴线点 C,D;

第五步:交角检核,限差在 $90°\pm5''$;CO,DO 长度检核,相对误差应不超过 1/20 000 ～ 1/30 000;

第六步:计算调整值,调整 C,D 定位点的位置。

公式:

$$\delta=\frac{ab}{2(a+b)}\frac{1}{\rho}(180°-\beta),\quad \varepsilon=\frac{s\Delta\beta}{\rho}$$

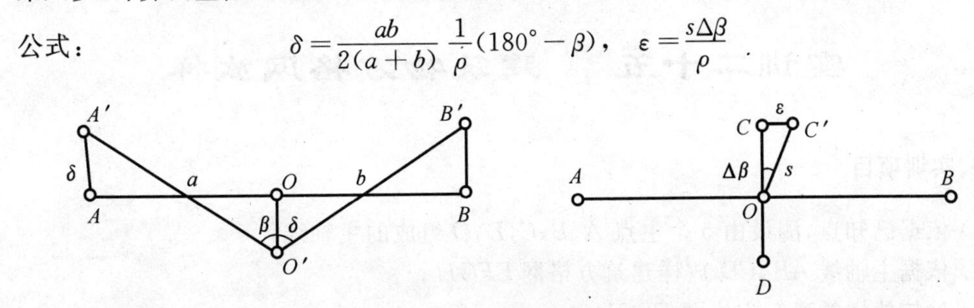

图 2－24 主轴线调整示意图

3. 实训记录

(1) 水平角 β,$\angle AOC$ 的测量(见表 2－22)。

表 2-22　测回法测水平角记录表

日期：______年______月______日　　天气：______　　仪器型号：______　　组号：______

观测者：______________　　记录者：______________　　立棱镜者：______________

测点	盘位	目标	水平度盘读数 (° ′ ″)	水平角		示意图
				半测回值 (° ′ ″)	一测回值 (° ′ ″)	
	左					
	右					
	左					
	右					

(2) 水平距离 a,b,s 测量值。

直线 a：第一次＝____________m，第二次＝____________m，平均＝____________m；

直线 b：第一次＝____________m，第一次＝____________m，平均＝____________m；

直线 s：第一次＝____________m，第一次＝____________m，平均＝____________m。

(3) 计算调整值。

经计算得：δ＝____________________mm，ε＝____________________mm。

七、实训结果讨论及结论

1. 上交资料

上交完整的测设资料、角度观测资料、距离测量资料、调整值计算资料；主轴线放样简图的测设简图，测设数据的计算资料、心得体会等。

2. 实训结果讨论及结论

重点：对实训结果的质量、精度进行分析总结。

实训二十五　建筑物方格网放样

一、实训项目

(1) 依据已知点，测设由 5 个主点 A,B,C,D,O 组成的主轴线；

(2) 依据主轴线 AB,CD 放样建筑方格网 $EFGH$；

(3) 检核放样的建筑方格网 $EFGH$。

二、实训目的

(1) 熟练掌握常用的测量仪器（经纬仪、全站仪）的使用；

(2) 复习巩固建筑物主轴线的放样方法及步骤；

(3) 掌握建筑方格网的放样方法及限差。

三、实训组织和学时

每组 4 ～ 5 人，课内 2 学时。

四、实训仪器和工具

每组 DJ2 经纬仪 1 台(或全站仪 1 台，棱镜 2 个)，测钎 2 个，钢尺 1 把，木桩若干，记录板 1 块，计算器 1 部等。

五、实训要求

(1) 主轴线的直线度的限差，应在 $180° \pm 5''$ 和 $90° \pm 5''$ 以内，主轴线长度相对误差应不超过 1/20 000 ～ 1/30 000(具体要求参考实训二十三：主轴线放样)；

(2) 建筑方格网的角度误差应不大于 $\pm 10''$，边长丈量相对误差不超过 1/10 000 ～ 1/25 000。

六、实训过程

1. 放样图(见图 2 - 25)

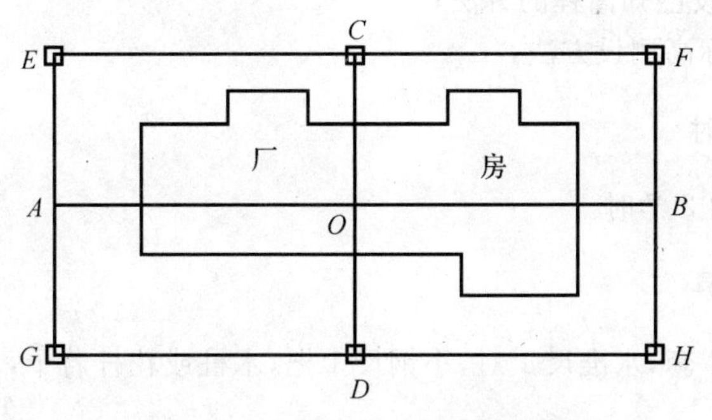

图 2 - 25　建筑物方格网放样图

2. 流程

第一步：参考实训二十四放样长主轴线 AB 和短主轴线 CD。

第二步：分别在 A，B，C，D 四点安置经纬仪，后视瞄准 O 点，向左、右测设水平角 90°，由 A，B，C，D 四点定出矩形的四边方向，沿其四边方向定出 E，F，G，H 四点，即可交会出方格网点。

第三步：检核测量，测量相邻两点间的距离(AE，AF，BH，BG，CE，CH，DF，DG)，看是否与设计值相等，相对误差不超过 1/10 000 ～ 1/25 000；检核角度(E，F，G，H 为顶点所对应的角)是否为 90°，角度误差应不大于 $\pm 10''$。

第四步：误差若在允许范围内，埋设木桩标志，否则进行调整。

3. 实习记录

参考实训二十四：建筑物主轴线放样。

七、实训结果讨论及结论

1. 上交资料

上交完整的测设资料、角度观测资料、距离测量资料、调整值计算资料;建筑方格网测设简图,测设数据的计算资料、心得体会等。

2. 实训结果讨论及结论

重点:对实训结果的质量、精度进行分析总结。

实训二十六　高程控制测量及±0.000 标高测设

一、实训项目

(1)高程控制测量:依据给定的已知高程点,测设一条复合或闭合的四等水准路线;

(2)±0.000 标高测设:依据给定的已知高程点,在附近的建筑物、树、电杆等位置上测设给定的建筑物的±0.000 设计标高。

二、实训目的

(1)复习巩固四等水准测量的外业实测方法和内业计算的过程、方法;

(2)掌握水准仪测设已知高程的方法;

(3)掌握±0.000 标高测设方法。

三、实训组织和学时

每组 4～5 人,课内 2 学时。

四、实训仪器和工具

每组 DS3 水准仪 1 套,水准尺 1 对,小钢尺 1 把,木桩或花杆若干,记录板 1 块,观测手簿 1 本,计算器 1 部等。

五、实训要求

(1)高程控制测量要求:每组独立作业,不得伪造数据,严格按国家四等规范技术指标进行。

(2)±0.000 标高测设要求:核实已知高程和待测设高程的设计标高,计算测设数据,测设数据务必准确,并绘制测设简图,测设精度不得超过±5 mm。

六、实训过程

1. 高程控制测量

(1)布设路线。每组选定一条 4～6 个点组成复合或闭合水准路线(相邻点之间应略有起伏且相距不远),确定起点及水准路线的前进方向,如 BM→1→2→……→BM。

(2)一测站观测。在起始点 BM 和待定点 1 分别立水准尺,在距该点大致等距离处安置水准仪,按“后前前后”(黑黑红红)顺序观测。

检查高差互差是否超限，互差小于等于 5 mm，合格，计算平均高差 h。

(3)同法继续进行，经过所有待定点后回到起点 BM。

(4) 检核计算。检查后视读数总和减去前视读数总和是否等于高差总和(即 $\sum a-\sum b=\sum h$ 是否成立)，若不相等，说明计算过程有错，应重新计算。

(5) 高差闭合差的调整及高程计算。统计总测站数 n，计算高差闭合差的容许误差，即 $f_{h容}=\pm12\sqrt{n}\,\text{mm}$。若 $|\sum h|\leqslant|f_{h容}|$，即可将高差闭合差按符号相反、测站数成正比例的原则分配到各段导线实测高差上，再计算各段导线改正后的高差和各待定点的高程。

(6)记录与计算表(见附表二：三、四等水准测量记录表)。

2. ±0.000 标高测设

(1)利用高程控制测量的结果，在实习基地，实习教师给定±0.000 设计标高。

如：已知地面水准点 BM 及其高程 $H_{BM}=41.350$ m，建筑物±0.000 标高的设计高程 $H_设=42.000$ m。

(2)将水准仪安置在已知点与测设点之间，前、后视距大致相等，安置好仪器，进行观测，读取已知点 BM 上的水准尺读数 a。

(3)计算测设数据。假设 $a=1.425$ m，则测设数据 $b=H_{BM}+a-H_设=0.775$ m。

(4)将另一把水准尺紧靠在邻近建筑物的墙上或树干、电杆等位置，指挥标尺员上下移动标尺，当标尺上的读数正好为 b 时，在标尺底面划线作标记，此线即是设计高程为 42.000 的建筑物±0.000 标高的测设位置。

(5)注意事项。务必绘制测设简图，测设数据务必准确，务必标记建筑物±0.000 标高测设线。

七、实训结果讨论及结论

1. 上交资料

上交完整的高程控制测量资料；建筑物±0.000 标高的测设简图，测设数据的计算资料、心得体会等。

2. 实训结果讨论及结论

重点：对实训结果的质量、精度进行分析总结。

实训二十七　根据已有建筑物定位

一、实训目的

(1)熟悉经纬仪或全站仪的操作。

(2)掌握根据已有建筑物进行建筑物角桩测设的方法。

二、仪器设备

每组 DJ2 经纬仪 1 台，测钎 2 个，皮尺 1 把，记录板 1 个(或全站仪 1 台，棱镜 2 个，记录板 1 个)。

三、实训任务

每组根据一栋已有房屋，测设出一栋待建房屋的4个角桩。

四、实训要点及流程

(1)要点：要考虑墙厚(轴线离墙0.24 m)；定出建筑物的4个角桩后，要进行角度和边长的检核。

(2)流程：由已建建筑物角量取s(见图2-26)，定a,b两点⟶延长ab，定基线cd⟶拨角、量边得角桩M,N,P,Q⟶检查$\angle N$,$\angle P$及PN长。(精度要求：长度：1/5 000，角度：1′)

设：$s=1.0$ m，$bc=3.24$ m，$PN=8.0$ m，$PQ=4.0$ m。

五、实训记录

设轴线离墙0.24 m，待建建筑物与已建建筑物间距＝__________m，待建建筑物长＝__________m，宽＝__________m。设置已建建筑物的延长线s＝__________m，则测设数据：bc＝__________m，bd＝__________m，cM或dQ＝__________m，cN或dP＝__________m。

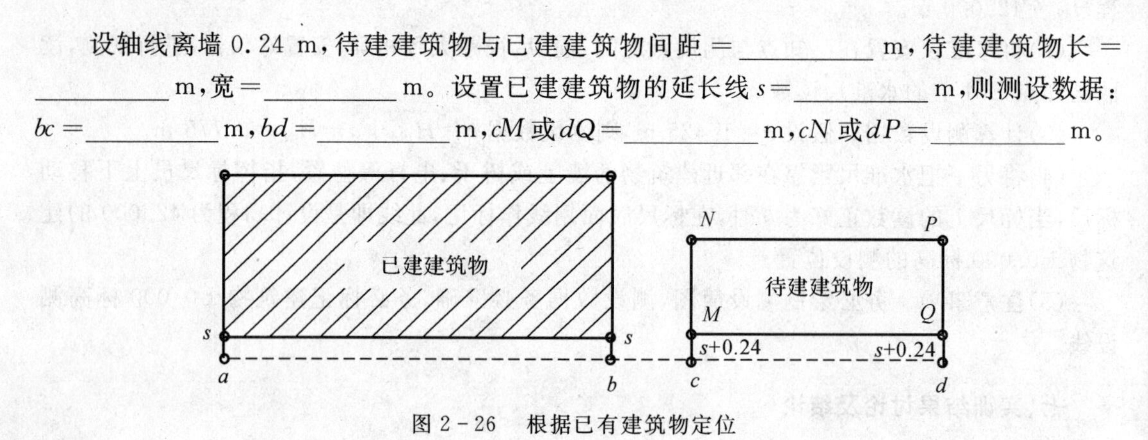

图2-26　根据已有建筑物定位

实训二十八　地质钻孔标定

一、实训目的

(1) 了解地质钻孔标定的主要任务和完成这些任务的方法和步骤。

(2) 掌握地质钻孔的标测工作。

二、仪器、工具与材料

(1) 仪器室借领：经纬仪1套，钢尺1把，花杆2根，木桩若干，斧头1把，记录板1块，工具包1个。

(2) 自备：计算器、铅笔、草稿纸。

三、实训方法和步骤

在实习场地选定两点A,B，订下木桩并在桩面画上十字作为已知点，如图2-27所示。

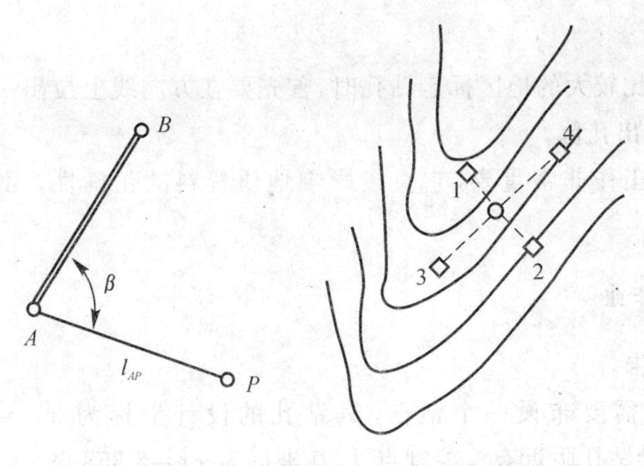

图 2-27　钻孔标定

1. 计算标定数据

根据钻孔的设计坐标和已知点 A 的坐标，进行坐标反算，计算出 α_{AP} 和 l_{AP}，然后再计算转角 β。

$$\tan\alpha_{AP}=\frac{x_P-x_A}{y_P-y_A}$$

$$l_{AP}=\sqrt{(x_P-x_A)^2+(y_P-y_A)^2}$$

$$\beta=\alpha_{AP}-\alpha_{AB}$$

式中　x_A, y_A——已知点坐标；

x_P, y_P——钻孔的设计坐标。

2. 初测(平整钻机场地前)

(1) 在 A 点安置仪器，找好水平度盘的方向，然后瞄准 B 点上花杆作为起始方向。

(2) 放样转角 β，定出方向线 AP。然后在方向线上用钢尺从 A 点起量出 l_{AP} 长度的平距，打下木桩，该木桩即为钻孔 P 点的位置。

(3) 在方向线上钻孔桩的前后(在平整机场时挖不到的地方) 左右各打两个木桩，作为校正桩，并量其至钻孔桩的距离，如图 2-27 所示。

3. 复测 (钻机场平整后)

在两个校正桩上拉一条直线，用钢尺从两桩向中间量取距离，定出钻孔点，或在 4 个校正桩上，相对两点拉直线，两条直线相交点即为钻孔点，然后打入木桩。

4. 定测(待停钻封孔后)

(1) 在 A 点安置仪器，后视 B 点，用测回法以一测回测定转角 β，并丈量 AP 长度，然后算出 P 点的坐标 x_P, y_P。

(2) 进行三角高程测量，测出钻孔高程。用十字丝交点卡封孔标石(水泥桩或套管) 顶部，测出倾角和用钢尺量出斜距，量出测站上的仪器高和钻孔标石顶至地面的距离，然后算出 P 点的高程值。

四、注意事项

(1) 如果在倾角比较大的地区标定钻孔时，首先要在方向线上拉出一段平距，然后在这方向线上延长或退缩定出孔位。

(2) 钻孔的标测工作非常重要，它直接影响地质资料的正确性，因此要细心，多做检查工作。

五、实训报告与作业

(1) 提交实训报告。

(2) 某勘探工地需要布设一个钻孔，其钻孔的设计坐标为 $x_P = 3\ 358\ 790$ m，$y_P = 20\ 529\ 350$ m，在设计钻孔附近有一控制点 J，其坐标为 $x_J = 3\ 358\ 690$ m，$y_J = 20\ 529\ 250$ m，J 点与另一控制点 K 的坐标方位角 $\alpha_{JK} = 1\ 30°20'30''$。请将设计钻孔位置标定到现场。

实训二十九　井筒中心与十字中线的标定

一、实训目的

(1) 了解井筒中心与十字中线的标定方法、步骤和要领。

(2) 练习标定井筒中心与十字中线。

二、仪器、工具与材料

(1) 仪器室借领：经纬仪 1 套，钢尺 1 把，花杆 20 根，木桩若干，铁钉 20 根，记录板 1 块，斧头 1 把，工具包 1 个。

(2) 自备：计算器、铅笔、草稿纸。

三、实训方法和步骤

1. 建立近井点

首先根据矿区控制网建立距井口较近的控制点，即近井点。本实习场地选在野外或有较大场地的校内也行，在距井筒中心或假设的井筒中心 20 ～ 30 m 的地方打一木桩，桩面上打一铁钉作为近井点 A，在远方再打一木桩 B 作为已知点，如图 2 - 28 所示。

2. 计算标定数据

(1) 计算转角 β_A。根据井筒中心的设计坐标和近井点的坐标，反算出 A，O 两点方位角 α_{AO} 和 A，O 两点间的平距 l_{AO}：

$$\tan\alpha_{AO} = \frac{y_O - y_A}{x_O - x_A}$$

$$l_{AO} = \frac{y_O - y_A}{\sin\alpha_{AO}} = \frac{x_O - x_A}{\cos\alpha_{AO}}$$

$$\beta_A = \alpha_{AO} - \alpha_{AB}$$

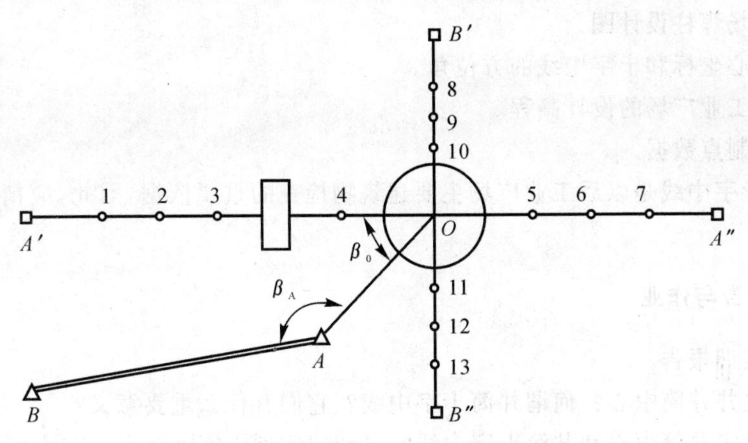

图 2-28　井筒中心及十字中线的标定

(2) 计算转角 β_O。

$$\beta_O = a_{OA'} - a_{OA}$$

式中　α_{AO}—— 井筒主十字中线设计坐标方位角；

x_O, y_O—— 井筒中心的设计坐标。

3. 标定

(1) 标定井筒中心。如图 2-28 所示，在 A 点安置经纬仪，将仪器水平度盘对在零度位置，后视已知点 B 转动照准部，放样 β_A 角，沿视准轴方向量出水平距离 l_{AO} 而得 O 点，打下木桩并在桩面准确钉上铁钉，此点便是井筒中心。

(2) 标定井筒十字中线。将经纬仪安置在 O 点，对好度盘的零位置，后视 A 点。转动照准部，使水平度盘上分别转出 β_o，$\beta_o+90°$，$\beta_o+180°$，$\beta_o+270°$，在这些方向上分别标出 1，2，3，4，5，6，7，8，9，10，11，12，13 等点并均打入木桩。与此同时分别在距井筒中心约 100m 处打一个大木桩，用正、倒镜分别在木校面精确标出十字中线点 A'，A''，B'，B''。

(3) 井筒十字中线的检查与基点埋设、标定。在预先设计的基点位置挖坑，浇灌混凝土基桩，在桩中埋设铁芯（最好是不锈钢或铜芯），待混凝土凝固后，再在 O 点安置经纬仪，先用 3 个回测测出井筒十字中线 $A'A''$ 和 $B'B''$ 之间的夹角，检查两条十字中线的垂直程度。若符合要求，再用经纬仪分别瞄准 A'，A''，B'，B'' 木桩点，在基桩的铁芯上精确标出十字中线点位（钻小孔或锯十字作标记）。

(4) 实测井筒十字中线基点的平面位置和高程。十字中线基点标定完成后，再分别在 A，O 点安置仪器，测出各基点的平面位置及标高。

(5) 绘图。根据实测得到的井筒十字中线基点的坐标和高程，选定一张图纸按比例绘出井筒十字中线基点位置平面图及高程。

四、注意事项

(1) 标定井筒中心和井筒十字中线前，认真做好图纸准备工作和测量数据收集工作。收集：

1) 矿井工业广场总平面图。

2) 施工总平面图。

3) 工业广场煤柱设计图。

4) 井筒中心坐标和十字中线的方位角。

5) 井口和工业广场的设计高程。

6) 测量控制点数据。

(2) 井筒十字中线是以后工业广场主要建筑物检查的重要依据,因此,应精确标定井筒十字中线。

五、实训报告与作业

(1) 提交实训报告。

(2) 何谓立井井筒中心?何谓井筒十字中线?它们有什么重要意义?

(3) 如何标定井筒中心和井筒十字中线?试叙述实训中实际标定的方法和步骤。

实训三十　一井定向

一、实训目的

掌握瞄直法传递坐标、方位角的方法、步骤和要领。

二、实训内容及要求

(1) 竖井内挂两根锤球线,在地面和井下将C和C'点选设在两锤球线连线的延长线上,则C,A,B,C'四点在一直线上,地面的坐标和方向就很简单地传递到井下。

(2) 本次实习也可选在办公楼、宿舍的走廊内进行,设法在走廊内挂两根锤球线,即可进行实习。

(3) 每人必须亲自操作一次,掌握其要领。

三、仪器、工具与材料

(1) 仪器室借领:经纬仪1套,钢尺1把,锤球2个,斧头1把,记录板1块,工具包1个。

(2) 自备:计算器、铅笔、草稿纸。

四、实训方法和步骤

1. 地面连接

(1) 初步瞄线。如图2-29所示,一人提着锤球,大致在C点附近,另一人站立在B锤球一端,用眼瞄两锤球线并指挥C点提锤球人左、右移动。当C点锤球线移到A,B两锤球同一竖直面内时,在地面打一木桩并在桩面上做一标记。

(2) 精确瞄直。将经纬仪安置在木桩上,松动连接螺旋,用望远镜竖丝瞄两锤球线,然后仪器在脚架头上滑动,使竖丝与两锤球线重合,而后拧紧连接螺旋,再将仪器锤球尖投点到桩面上,钉上铁钉,该点即为C点。

(3) 测角量边。分别在C,D点上安置经纬仪,测出β_C,β_D角,量出AC,AB和CD各边之长。

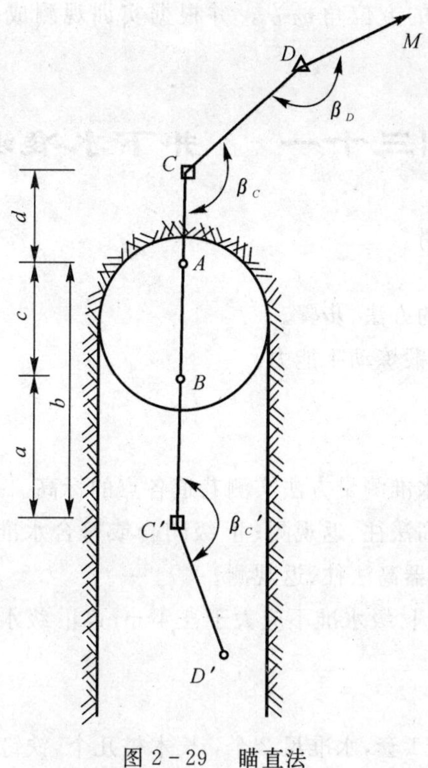

图 2-29　瞄直法

2. 井下连接

(1) 在井下采取与地面定点 C 相同的办法，定出 C' 点。

(2) 在 C' 点上安置仪器，测出 $\beta_{C'}$，量出 AB，BC' 和 $C'D'$ 的长度。

3. 方位角传递

$$\alpha_{C'D'} = \alpha_{MD} + \beta_{D'} + \beta_O + \beta_{C'} - 3 \times 180°$$

4. 坐标传递

$$\begin{cases} x_C = x_D - l_{CD}\cos\alpha_{DC} \\ y_C = y_D + l_{CD}\sin\alpha_{DC} \end{cases}$$

$$\begin{cases} x_{C'} = x_C + l_{CC'}\cos\alpha_{CC'} \\ y_{C'} = y_O + l_{CC'}\sin\alpha_{CC'} \end{cases}$$

五、注意事项

(1) 瞄直法在外、内业上都很简单，但是要将连接点 C，C' 精确地设置到两锤球线挂线的延长线上，却是较为困难的事，因此，这种方法适用于精度要求不高的小矿井。

(2) 这种方法经验性很强，因此，每个同学要多练习、多实践才能正确掌握。

六、实训报告与作业

(1) 提交实训报告。

(2) 根据记录的观测成果，并设 D 点坐标：$x_D = 100\text{m}$，$y_D = 100\text{m}$，$\alpha_{CD} = 210°25'40''$，计算出

C',D'的坐标和井下起始边的方位角$\alpha_{C'D'}$。并根据实训观测成果，绘出实训中瞄直法的平面图。

实训三十一　井下水准测量

一、实训目的

(1) 掌握井下水准测量的方法、步骤。

(2) 适应井下工作环境，锻炼动手能力。

二、内容及要求

(1) 应用井下Ⅰ,Ⅱ级水准测量方法实测巷道各点的标高。

(2) Ⅰ级水准要用双仪高法往、返观测；Ⅱ级闭合或符合水准可采用双仪高法单程观测；Ⅱ级水准支线可采用一次仪器高法往、返观测。

各测站的高差互差对于Ⅰ级水准不应大于±4 mm，Ⅱ级水准不应大于±5 mm。

三、仪器与工具

(1) 仪器室借领：水准仪1套，水准尺2个，长木桩几个，铁钉，小锤球，工具包1个。

(2) 自备：计算器、铅笔、草稿纸。

四、方法和步骤

(1) 选点。水准点可设在巷道顶板、底板或两帮上，如图2-30所示，也可用导线点代替水准点。

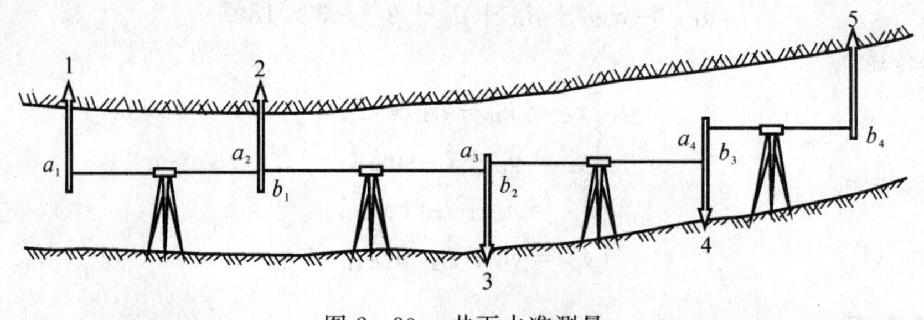

图2-30　井下水准测量

(2) 观测。井下水准测量与地面水准测量相比，其原理、实测方法和计算公式均完全相同，但井下水准测量时，因点设在顶板上，出现水准尺倒立现象，所以记录时应用符号注明，计算时在其读数前冠以负号。

四、注意事项

(1) 在顶板上立尺时，一定要将尺的零端紧抵水准点，不能悬空。

(2) 读数时，无论水准尺是正像还是倒像，其读数均应由小到大读数。

(3) 使用矿用水准尺。

实训表格见附表十三:井下水准测量表。

实训三十二　井下三角高程测量

一、实训目的和要求

(1) 通过倾斜巷道传递高程,如图 2-31 所示,将下平巷 A 点高程传递到上平巷的 B 点;

(2) 掌握竖直角的观测方法;

(3) 掌握三角高程测量的内容及计算方法。

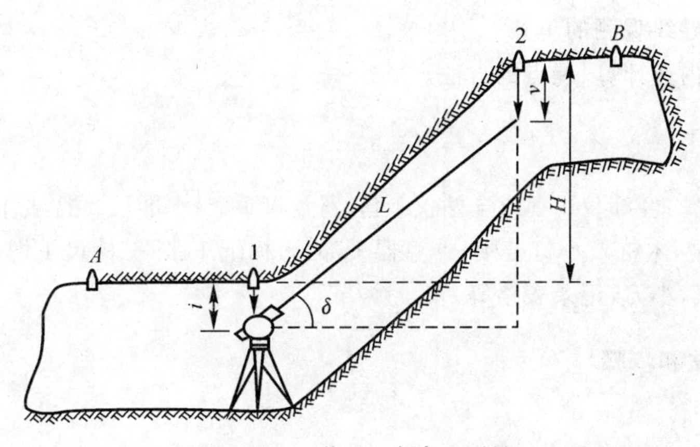

图 2-31　井下三角高程测量

二、实验仪器与工具

(1) 仪器室借领:经纬仪 1 台或全站仪 1 台,脚架 1 个,钢卷尺 1 把,长木桩几个,铁钉,小锤球,工具包 1 个。

(2) 自备:计算器、铅笔、草稿纸。

三、方法和步骤

(1) 先由 A 点求出 1 点高程,然后将仪器安置于 1 点,量出 1 点桩面至仪器横轴的距离(仪器高 i)。在 2 点挂锤球线上适当位置作一标志,量出 2 点桩面至标志的距离(觇标高 v)。

(2) 用正镜瞄准 2 点锤球线上标志,读出竖盘读数 L。

(3) 倒镜再瞄准 2 点锤球线上标志,在竖盘上读取读数 R。取正、倒镜测出的倾角的平均值。

(4) 用钢尺从锤球线标志量至仪器中心的斜距 L。

(5) 计算出 2 点高程。

(6) 由 2 点可测得 B 点高程。

四、注意事项

井下三角高程测量与井下水准测量一样，当点在顶板上时，仪器高和觇标高数字前面加负号，则计算公式仍然不变。

实训表格见附表十四：三角高程观测记录表和附表十五：三角高程计算表。

实训三十三　井下导线测量

一、实训目的

(1) 掌握井下导线观测的步骤。

(2) 掌握导线内业计算、展点的方法。

二、仪器及工具

(1) 仪器室借领：经纬仪 1 套或全站仪 1 套，罗盘仪 1 个，水准尺 2 把，标杆 2 根，钢尺 1 把，测钎 1 组，斧子 1 把，木桩及小钉若干，计算器 1 部，坐标纸 1 张，三棱尺 1 把，油漆等。

(2) 自备：铅笔，小刀，记录表格等。

三、实训的方法和步骤

1. 选点和设点

井下导线点一般设在巷道的顶板上。选点时至少两人，在选定的点位上用矿灯或电筒目测，确认通视良好后即可做出标志并用油漆或粉笔写出编号。在巷道交叉口和转弯处必须设点，如图 2-32 所示。导线边长一般为 30 ～ 100 m 为宜。导线点设置在便于安置仪器的地方，点位设置应牢固。

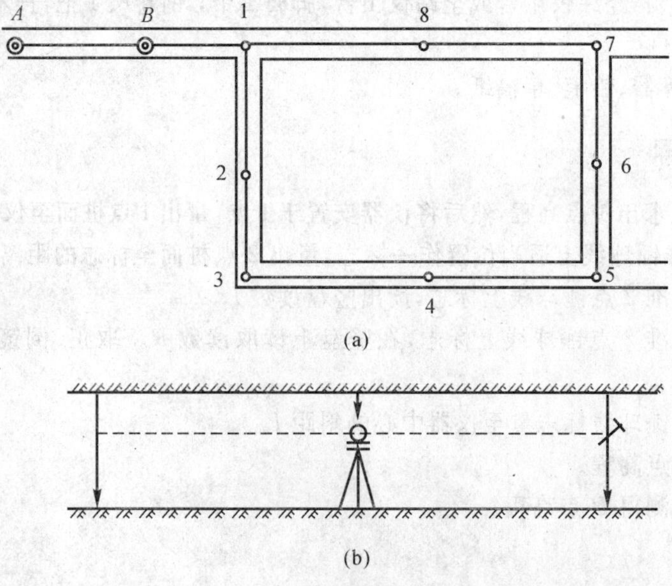

图 2-32　井下导线测量

2. 测角

测回法按 30″ 导线进行施测：

(1) 将经纬仪安置在起始点（如 B 点）进行点下对中和整平，然后对好水平度盘的零位置。

(2) 分别在 A 号、1 号点上挂上垂球线，并在 1 号点的垂球线上用大头针作一标志。

(3) 分别用盘左和盘右位置测出方向读数，记入手薄。盘左和盘右角值之差应小于 60″，取其平均值作为结果。

(4) 瞄准 1 点上的垂球线上用大头针作的标志，测出倾角（用正倒镜观测，取其中数）。

(5) 量取仪器高（从顶板测点往下量至仪器横轴中心）和觇标高（从顶板测点往下量至大头针标志处）。

3. 量边

以上完成一个测站上的施测工作。

同样方法，依次测出全部角度和边长。

井下观测数据经检查无误后，便可进行内业计算，计算在表格中进行。

4. 导线内业计算、展点的方法

参考实训十七：经纬仪导线测量。

四、注意事项

(1) 井下选点时一定要确保通视，避免仪器安置后观测困难。

(2) 点下对中时，一定要将望远镜放水平。

(3) 测角瞄准时，照明者最好用一张透明纸蒙在矿灯或电筒上，使其发出的光能均匀柔和地照明垂球线，便于瞄准观测。

(4) 量边时，若用钢尺，要注意钢尺悬空，拉力均匀，避免碰及其他物体。

实训表格见附表十一：导线坐标计算表。

实训三十四　井下碎部测量与挂罗盘测量

一、实训目的

(1) 掌握井下巷道、硐室、采区工作面的施测方法和步骤，并能根据观测资料绘制出图纸。

(2) 掌握罗盘仪的构造、性能和使用方法，练习用罗盘进行测量的方法、步骤和要领。

二、内容及要求

(1) 用支距法和极坐标法对一巷道、硐室进行碎部测量，并绘制出大比例尺的巷道平面图和硐室平面图。

(2) 在一条次要巷道内进行罗盘测量。

具体要求：用半圆仪正、反两个位置测出倾角后取平均值作为该边倾角；同一测绳两端测出的磁方位角互差不应超过 2°；用皮尺往、返量边的互差不得超过边长的 1/200。

三、仪器和工具

同实训三十三。

四、碎部测量的方法与步骤

1. 用支距法进行巷道碎部测量

巷道碎部测量一般与导线测量同时进行。量边结束后，钢尺暂时拉着不动，如图 2-33 中，丈量 14 点到 A 点的边长时，零端对准 14 点，沿钢尺方向于巷道两帮的特征点处，用皮尺量出特征点距钢尺的距离（支距），并读出垂点处的钢尺刻划数，然后绘出草图。对于测站点、导线点还应量出仪器中心距顶板、底板和左右两帮的距离（俗称量上、量下、量左、量右）。

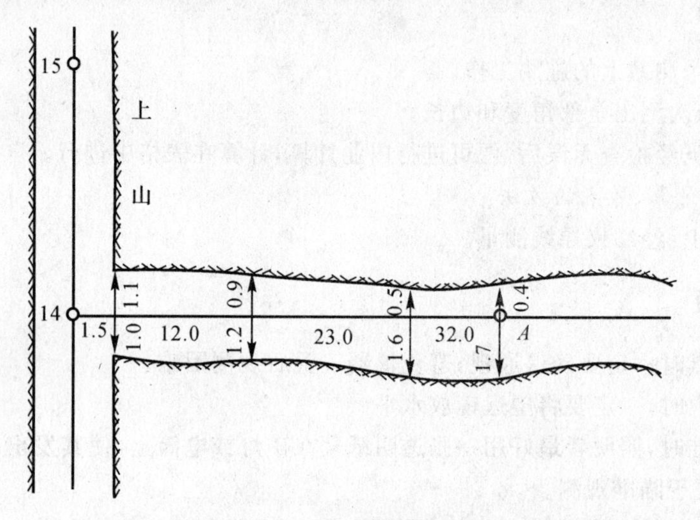

图 2-33　碎部测量

2. 用极坐标法测量硐室

如图 2-34 所示，在硐室的顶板上凿一小孔，再打进木桩，并在桩面钉一铁钉作为导线点 B，然后挂上垂球线。将仪器安置在导线点 13 上，后视 12 点测出 β 角，量出平距 l_{13-B}。然后在 B 点安置仪器，以零方向对准13点，转动照准部逐一瞄准硐室各轮廓点，读出水平角值 β_i，用钢尺（或皮尺）量出水平距离 l_i，并绘出草图。

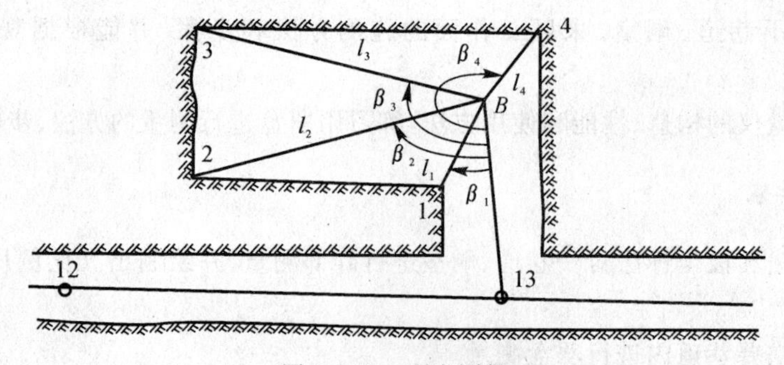

图 2-34　硐室测量

五、挂罗盘测量的方法和步骤

(1) 选点。如图 2-35 所示，从下平巷的导线点 C 开始沿着次要巷道一号上山选定临时点 1,2,3,4 点并复合在上平巷的 D 点上，在各点打上铁钉，用红漆编号并作出标志。

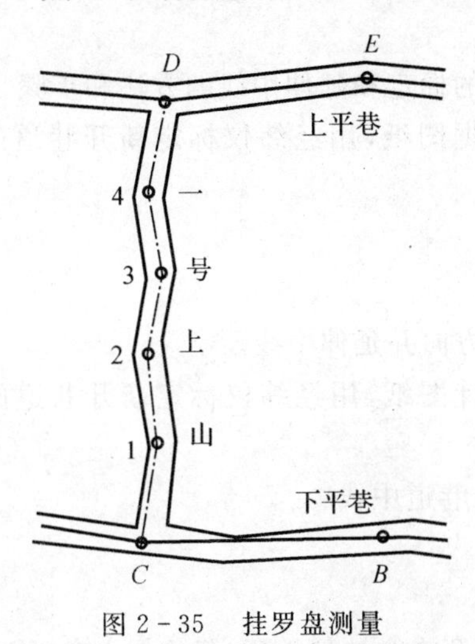

图 2-35　挂罗盘测量

(2) 挂测绳。从 C 点开始，依次在相邻两个铁钉上挂测绳，形成 $C1$,12,23,34,4D 等边。

(3) 测倾角。将两点间的测绳拉紧，拉直，在测绳两端的 1/3 和 2/3 处挂半圆仪，分别测出两端倾角，取其平均值作为该边的倾角。

(4) 测磁方位角。在测绳 $C1$ 的两端先后悬挂上罗盘，罗盘零刻划指向前进方向，即向着 1 点。松开磁针，

待其稳定后，根据磁针北端读数，即为测线 $C1$ 的磁方位角，记入手薄。如果在测绳两端所测该边的磁方位角的较差未超限，则取其平均值作为该边的磁方位角。

(5) 量边用皮尺往、返丈量，当较差不超过规定时，取其平均数作为该边长度。

(6) 在进行挂罗盘测量时，同时完成巷道的碎部测量，其方法与前面碎部测量相同。外业完成后，可用图解法或解析法确定巷道或工作面的位置。

六、绘图

首先将控制点(导线点）展于图纸上，然后用极坐标法展绘罗盘点。按所需比例尺，沿导线边将支距法测量成果展绘在图上便得巷道两帮的实测图。硐室展绘可以极坐标法进行。以导线边为起始边，以量角器绘出各观测角，用比例尺量取导线点到各碎部点的距离，便得出硐室的实测图形。

七、注意事项

(1) 进行挂罗盘测量时，要特别注意避开磁性物质，以免影响观测成果质量。

(2) 点可选在两帮的棚子上，边长不宜过长，一般不应超过 20 m。

(3) 各矿区应使用本地区的磁偏角进行磁方位角与坐标方位角的换算。

实训表格见附表十六：井下挂罗盘测量表。

实训三十五　巷道中线的标定及延伸

一、实训目的

(1) 掌握直线巷道的中线的标定和延伸中线的方法和步骤。

(2) 掌握在井下巷道内根据图纸，用经纬仪标定新开巷道的位置和掘进方向，标定巷道中线。

二、内容及要求

(1) 标定直线巷道的中线方向并延伸中线。

(2) 在井下巷道内根据设计图纸，用经纬仪标定新开巷道的位置和掘进方向，标定巷道中线。

(3) 根据已知中线点，延长巷道中线。

三、仪器和工具

(1) 仪器室借领：经纬仪 1 套或全站仪 1 套，三角架 1 个，斧头 1 把，钢钉，锤球，记录板，工具包 1 个。

(2) 自备：铅笔、记录表格、草稿纸。

四、方法和步骤

1. 巷道开切眼标定(见图 2－36)

首先熟悉图纸，了解设计巷道与其他巷道的几何关系，检查图上给定数据。

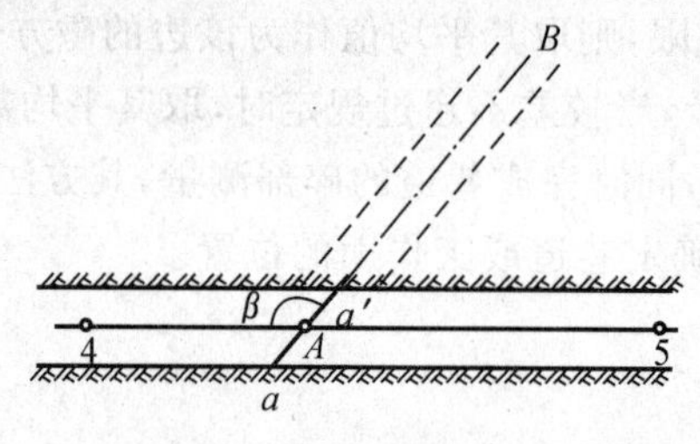

图 2－36　开切眼标定

(1) 计算标定数据。

$$\beta = \alpha_{AB} - \alpha_{A4}$$

$$S_{4A} = \frac{y_A - y_4}{\sin \alpha_{4A}} = \frac{x_A - x_4}{\cos \alpha_{4A}}$$

$$S_{A5} = \frac{y_5 - y_A}{\sin \alpha_{A5}} = \frac{x_5 - x_A}{\cos \alpha_{A5}}$$

式中　α_{AB}—— 设计巷道中线的坐标方位角；

x_A, y_A—— 设计巷道的起点坐标；

x_4, y_4, x_5, y_5—— 导线点坐标。

(2) 标定巷道的开切地点和掘进方向。

1) 将仪器安置于4点，瞄准5点锤球线，在此方向上量取 S_{4A} 定出 A 点并标设在顶板上。再量取 S_{A5} 检查 A 点的正确性。

2) 在 A 点安置仪器，后视4点转 β 角值，此时望远镜视准轴所指的方向即为设计巷道掘进方向。

3) 一人手执电筒(或矿灯) 在仪器操作者指导下沿巷道一帮移动，当电筒移到视准轴方向线上时，即在帮上打一标记，过此标记画一铅垂线，即为巷道中线。

4) 根据仪器视准轴方向，在 A 点之前或后方顶板上再标定两个中线点，即由3点组成一组中线点，表示巷道掘进的方向。

2. 巷道中线的标定

新开掘的巷道掘进 6～9 m后，应用仪器正式标出一组中线点，每组中线点不得少于3个点，点间距离不得小于2 m。

(1) 检查 A 点是否有位移或破坏。

(2) 经检查认为 A 点无位移后，将仪器安置在 A 点，用盘左后视4点，放样 β 角值，在巷道顶板上距工作面5 m左右给出 $2'$ 点，用盘右再给出 $2''$ 点，取其 $2'$，$2''$ 两点中间点为2点，则2点即为巷道中线点，如图2－37所示。

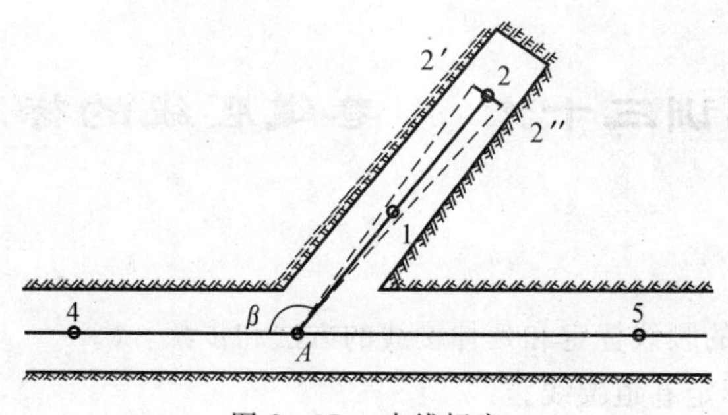

图2－37　中线标定

(3) 在2点挂锤球，用一个测回实测 $\angle 4A2$，用以检查角 β 是否正确。

(4) 经检查角 β 无误后，再用经纬仪瞄准2点，在此方向线上的顶板或棚顶上标出1点。A，1，2三点即为一组中线点，在三点上挂上绳线。

3. 巷道中线的延伸

一组中线点，可以指示巷道掘进30～40 m，随着巷道的掘进，巷道中线要向前延伸才能指导巷道的掘进。

(1) 首先检查原中线点是否有移动，如 B 组中线点 B，1，2，3是否在一条直线上，如图2-38所示。若其中有3点在一条直线上，便使用这3个点延伸。

(2) 经检查认为无误后将经纬仪安置在 B 点，用盘左后视 A 点，转180°沿视准轴方向定出一点，取其中间点 C 为新中线点。也可用瞄直法或拉线法。

(3) 用经纬仪瞄准 C 点，再于此方向上定出1，2点，则 C，1，2三点即为延伸的一组巷道中线。

(4) 在各组中线点中选出一点作为导线点，如 A，B，C 等点，以备进行采区导线测量时检查中线的正确性。

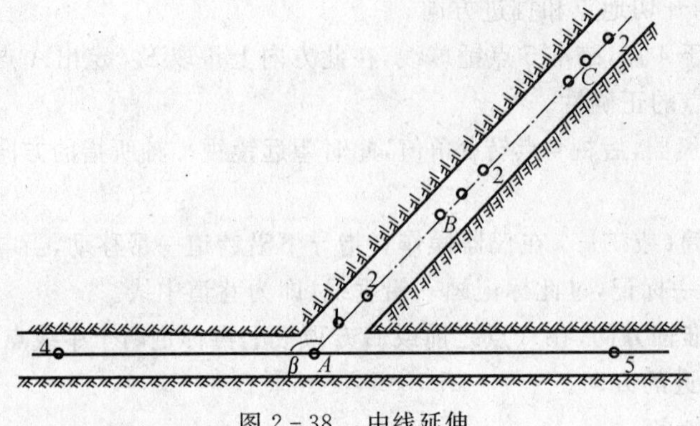

图 2-38　中线延伸

五、注意事项

(1) 巷道中线是控制巷道的水平方向的重要指向线，因此标定时一定要细心，要做检查，发现问题及时纠正，不应以其简单而轻视。

(2) 中线点要选在不易被爆破时，岩块冲击的地方，而且岩石一定要坚固，若设在棚梁上，更要注意棚子的稳固性。

实训三十六　巷道腰线的标定

一、实训目的

(1) 掌握直线巷道的腰线标定和延伸腰线的方法和步骤。

(2) 根据已知点，标定巷道腰线。

二、仪器和工具

(1) 仪器室借领：经纬仪1台或全站仪1台，三角架1个，半圆仪1个，斧头1把，钢钉，锤球，记录板，测绳，工具包1个。

(2) 自备：铅笔、记录表格、草稿纸。

三、方法和步骤

1. 在倾斜巷道中标定腰线

如图2-39(a)所示，1点为设计巷道的腰线点，其设计标高为 H_1，A 点为已知导线点，其标高为 H_A。根据两点的标高可以计算出两点的高差 h_{Aa} 为

$$h_{Aa} = H_A - H_1$$

在导线点 A 上挂锤球线，并从 A 点向下量取 h_{Aa} 值在垂球线上得到 a 点，然后过 a 点，向待设腰线巷道两帮拉线，线的终端应位于待测腰线起点位置，线的中间部位挂半圆仪，当其读数为0°时，在线的终端处做上标记，此点即为新设腰线点的位置，然后设法将此点位予以固定(钉钉或用水泥筑点)。

同法在另一帮与该点相对应的位置再设一点，这两点即为一对腰线点，如图 2-39(a) 中的 1,1′ 所示。

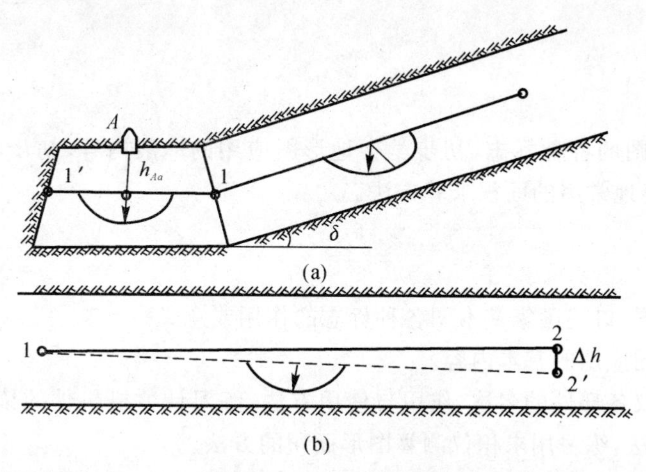

图 2-39　标定腰线

将测绳一端挂在 1 点铁钉上，在测绳上挂半圆仪，然后将另一端在斜巷的同一帮上作上下移动，使半圆仪上倾角为设计巷道的倾角 δ，此时于绳端做上标记，然后在该标记处固定腰线点，此点即为第二对腰线点中的一个，打上铁钉编为 2 点，此点也为腰线点。

将测绳一端挂在 1 点铁钉上，在测绳上挂半圆仪，然后将另端在斜巷的同一帮上做上下移动，使半圆仪上倾角为设计巷道的倾角 δ，此时于绳端做上标记，然后在该标记处固定腰线点，此点即为第二对腰线点中的一个，打上铁钉编为 2 点，此点也为腰线点。

将测绳一端挂在 1 点铁钉上，在测绳上挂半圆仪，然后将另一端在斜巷的同一帮上作上下移动，使半圆仪上倾角为设计巷道的倾角 δ，此时于绳端做上标记，然后在该标记处固定腰线点，此点即为第二对腰线点中的一个，打上铁钉编为 2 点，此点也为腰线点。

在巷道另一帮，自 1′ 点，以同样方法，于 2 点相对应部位，再测设一腰线点 2′，与 2 点成一对。

在 1,2 两点间拉线，沿线用油漆在帮上画线，以利于施工应用。

2. 在水平巷道标定腰线

如图 2-39(b) 所示，1 点为平巷的腰线点，在 1 点上挂测绳，绳上再挂半圆仪，将另一端拉紧并上下移动，使用半圆仪上倾角为 0° 于绳的终端处做上标记 2′。然后用皮尺量出 1 和 2′ 点间的水平距离 l，根据巷道的设计坡度 i，计算出 2′ 点和 1 点的高差 Δh 为

$$\Delta h = il$$

然后过 2′ 点垂直向上量取 Δh 值便得 2 点，在 2 点处将腰线点固定。在 1,2 点间拉线，沿线以油漆画出腰线。巷道另一帮可用同样方法，给出腰线。

四、注意事项

(1) 巷道腰线是控制巷道水平方向的重要指向线之一，因此标定时一定要细心，要做检查，发现问题及时纠正，不应以其简单而轻视。

(2) 腰线点要选在不易被爆破时岩块冲击的地方，而且岩石一定要坚固。

实训三十七　地形图室内应用及面积计算

一、实训目的

熟悉国家基本图的各种标志，初步学会地形图应用的一般内容，初步学会地物地貌的判读；掌握 2 ～ 3 种当地常用的面积求算方法。

二、实训内容

(1) 对照地形图，口述国家基本图各种标志的作用或意义。

(2) 练习地形图应用的基本内容。

(3) 熟悉求积仪各部件的名称、作用与使用方法，练习计数机机件的读数方法，练习求积仪分划值的测定方法，练习用求积仪测算图形面积的方法。

(4) 练习透明方格纸法、平行线法、解析法或几何图形法等测算面积的方法。

三、实训仪器及工具

(1) 仪器室借领：地形图若干幅，曲线尺，圆规，求积仪 1 台，贴有白纸的圆盘 1 块，透明毫米纸(16 开)1 张。

(2) 自备：三角板 1 副，计算器和记录表等。

四、实训方法提示

1. 地形图的室内应用

(1) 熟悉地形图上的各种标志。

(2) 练习求算图上的平面直角坐标、地理坐标、两点间的曲线距离和两点间直线连线方向及某点高程。

(3) 按指定的坡度在图上确定最短路线，按指定方向绘制地面断面图。

(4) 确定汇水面积周界。

(5) 查出该图四邻的图符号。

2. 用求积仪测算面积

(1) 作用方法。指导教师讲解求积仪各部件的名称、作用及其方法。

(2) 读数方法。在教师的指导下，学习计数机件的读数方法。

(3) 利用已知面积测定求积仪的单位分划值。

1) 在方格纸上，选定一个边长为 10 cm 的正方形 *ABCD*(或使用求积仪检验所提供的固定面积)，将其固定在平整的图板上。

2) 用求积仪的轮左(第一) 位置，选定极点和描迹针(航针) 起始点的位置，读取计数机件读数 n_1，记入手簿。

3) 自起点开始，手持手柄，使描迹针沿顺时针绕行正方形(或检查尺绕行)1 周至起点，读取计数机件读数 n_2，计入手簿；计算读数差($n_2 - n_1$)，记入手簿。

4) 用求积仪的轮右(第二) 位置，重复第 2) ～ 3) 步骤，至此完成分划值一个测回的测定。

5）计算求积仪轮左、轮右的平均读数差，记入手簿；为提高精度，可进行第二个测回的测定。

6）计算各个测回平均读数差和求积仪单位分划值 e。

（4）用求积仪测算图形的面积。由指导教师提供一个闭合图形或自己勾绘的汇水边界，用轮左、轮右位置各测一次，取读数差的平均值，则图上面积和实地面积为

$$A_{图} = (n_2 - n_1) \times cA_{实地} = A_{图} \times M^2$$

1）用几何图形法或透明方格纸法、平行线法测算上述图形的实地面积，并与求积仪测算的面积进行比较。

2）以作业形式，练习解析法求算图形面积的方法。

五、注意事项

（1）求积仪的轮左、轮右读数的相对差小于或等于 1/200。

（2）两臂夹角控制在 30°～150°。

（3）选择描迹起点位置时，应使两臂约成垂直关系。

（4）绕行轮廓线时，要动作平稳、速度均匀，一气呵成；当发现测轮读数盘悬空时，就重新测定。

（5）当计数圆盘读数逐渐增加时，若圆盘零分划值经过读数指标一次，则应在终了读数 n_2 上加上 10 000，然后再求 n_2 与 n_1 的差数。

（6）透明纸方格纸法和平行线法量取面积时，应变换方格纸的位置、平行线的方向 1～2 次，并分别量算面积，以便校核成果和提高量测精度。

实训表格见附表十七：面积测量记录表。

第三章 测量教学综合实训

第一节 测量教学综合实训的特点与实训方案的制定

一、测量教学综合实训的目的

测量教学综合实训是在学习测量学理论知识及课堂测量基础实训的基础上，在确定的实训地点和某一段时间内集中进行的综合性测量实践教学活动。通过测量综合实训可以将已学过的测量基本理论、基本知识综合起来进行一次系统的实践，不仅可以巩固、扩大和加深学生从课堂上所学的理论知识，系统地掌握测量仪器操作、施测计算、地形图绘制等基本技能，获得测量实际工作的基本技能和初步经验，还可以了解基本测绘工作的全过程，使学生在业务组织能力和实际工作能力方面得到锻炼，提高学生独立思考、相互协作和解决实际问题的能力。

二、测量教学综合实训的特点

测量综合实训是培养在校学生德、智、体全面发展的一个重要环节。测量教学综合实训在一定意义上是测量工作的预演和浓缩，因此，可以将其视为真正的实际测量工作来对待。测量工作具有精细、工作强度大、工作环境艰苦等特点，因而，在实训中除了要求学生牢固地掌握测量理论知识外，在测量实训时还必须具备和培养细心、团结协作、吃苦耐劳、独立完成任务的精神。

三、测量教学综合实训方案的制定

测量教学综合实训一般安排在学期末的前 4 周进行，这时学生的理论课基本结束，学生能全身心投入到实训中，以保证实训的效果和仪器的安全。

教学综合实训的地点可视学校具体情况而定。有校外测量实训基地的学校，可将测量综合实训的地点安排在该基地；也可以按“就地就近”原则在学校内或附近指定测区范围，作为测量综合实训的地点。

教学综合实训由所在院、系主管教学的领导负责，指导、协调、检查实训工作的落实情况。各个班级配备指导教师负责班级的实训工作。

教学综合实训以测量实训小组为单元，每个小组由 4～5 位同学组成，并选出小组长。

教学综合实训的内容主要是测量学的两大内容，即大比例尺地形图的测绘和图上设计及其测设。

教学综合实训的工作种类分外业和内业两大类。

教学综合实训应根据测量教学的基本要求，结合测区的基本情况提前制订实训方案，预算实训经费上报审批。

教学综合实训方案的主要内容包括实训班级名称，实训教师配备，实训时间，实训性质(教学实训或结合生产任务的实训)，实训地点，实训目的与要求，实训内容、方法与技术要求，实训程序和进度，实训中的注意事项，实训技术总结报告与成果的要求，实训的考核方法及成绩评定，参考书与资料。

四、测量教学综合实训的内容

测量教学综合实训的内容：大比例尺地形图的测绘，地形图的判读，点位测设，线路测量或地质工程测量，成果整理、技术总结和考核工作。

1. 大比例尺地形图的测绘

本项内容包括准备工作，控制测量，碎部测量，地形图的拼接、检查和整饰。

(1)准备工作。准备工作的好坏是关系到测量综合实训是否能够顺利进行的关键条件之一，因此，应注意做好准备工作，为测量综合实训打好基础。准备工作主要指测区准备、仪器准备以及其他准备。测区准备一般在先期由教师进行，详述见本章第二节。

(2)控制测量。根据测量工作的组织程序和原则知，进行任何一项测量工作都要首先进行整体布置，然后再分区、分期、分批实施。即首先建立平面和高程控制网，在此基础上进行碎部测量及其他测量工作。对控制网进行布设，观测、计算，确定控制点的位置的工作称为控制测量。在测量教学实习中的控制测量工作主要有图根平面控制测量和图根高程控制测量。

(3)碎部测量。碎部测量是测量综合实训的中心工作。通过碎部测量，把测定的碎部点人工展绘在图纸上，称为白纸测图。将碎部测量结果自动储存在计算机内，根据测站坐标及野外测量数据计算出碎部点坐标，利用计算机绘制地形图，即数字化测图。这两种方法都是测量综合实训中使用的主要的碎部测量方法。

(4)地形图的拼接、检查和整饰。当测区面积较大，采用分幅测图时就需要进行图纸的拼接。拼接工作在相邻的图幅间进行，其目的是检查或消除因测量误差和绘图误差引起的、相邻图幅衔接处的地形偏差。如果实习属无图拼接，则可不进行此项工作。

为确保地形图的质量，在碎部测量完成后，需要对成图质量进行一次全面检查，分室内检查和室外检查两项。

以上工作全部完成后，按照大比例尺地形图规定的符号及格式，用铅笔对原图进行整饰，要求达到真实、准确、清晰、美观。

2. 地形图的判读

野外判读地形图，就是要将地形图上的地物、地貌与实地一一对应起来。内容包括地形图定向和读图。

(1)地形图定向。在地形图上找到站立点的位置，再找一个距站立点较远的实地明显目标(如地物、山头、鞍部、控制点、道路交叉口等)，并在图上找到该点，使图上与实地的目标点在同一方向上。

(2)读图。读图的依据是地物、地貌的形状、大小及其相关位置关系。有意识地加强读图能力可为应用地形图和碎部测量创造良好的条件。

3. 点位的测设

点位的测设主要有3项内容,即图上设计及放样数据计算、平面位置测设备和高程位置测设。可在小组实测的地形图上自行设计一建筑物或构筑物,并确定其设计坐标,也可由教师给出统一的设计坐标。

4. 线路测量

内容包括定线测量、中线测量、圆曲线测量、纵横断面测量等。

(1)定线测量。在地形图上设计出含有两个转折点的线路中线。根据中线附近的控制点和明显的地物点,采用直接定交点法,或其他方法放线。放线数据可用图解法或解析法求得。

(2)中线测量。根据设计意图和实际情况,中线测量可采用解析法、图解法和现场选线法,定出百米桩,并在地形变化点、地质变化点、人工建筑物等处加桩。中线定线可采用经纬仪或目测定向,桩点横向偏差应小于5 cm。中线量距可用钢尺丈量两次,线路纵向相对误差应小于1/1 000。

(3) 圆曲线测设。首先计算圆曲线要素:切线长 T、曲线长 L、外矢距 E、曲线主点的里程。曲线计算中,角度取至分,距离取至厘米。

根据曲线要素,在实地定出曲线起点 ZY、中点 QZ、终点 YZ。测设方法可用偏角法、切线支距法等。折角可用DJ6经纬仪观测一测回测定。曲线上中桩间距一般为10～40 m,曲线测设的纵向相对误差应小于1/1 000,横向相对误差的限差为±7.5 cm。

(4)纵断面测量。一般以相邻两水准点为一测段,从一个水准点出发,逐个施测中间桩的地面高程,复合到另一个水准点上。中间桩高程取至厘米。相邻水准点高差与纵断检测的较差不应超过2 cm。

根据测得的各中间桩高程,可以绘制纵断面图。纵断面图常用的里程比例尺有1∶500,1∶200,1∶100,为显示出地面的起伏变化,高程比例尺取里程比例尺的10倍。

(5)横断面测量。在地面坡度变化较大的地方,每小组测5～10个中间桩的横断面。横断面的方向用方向架测定。断面方向上变坡点的距离和高差可用标杆皮尺法、斜距法或经纬仪视距法测定。横断面施测宽度视具体情况而定,一般自中线两侧各测20～30 m。

根据横断面测算成果绘制横断面图。横断面图的高差和距离比例尺相同,通常采用1/200。

5. 地质工程测量

内容主要包括勘探网的测设、地质剖面测绘及地形图判读(前已介绍)。

(1)勘探网的测设。

1)勘探网的设计。指导教师根据实际情况提出具体要求。并给出勘探网测设的有关规定,每个实训小组在地形图上设计一个勘探网。如果没有地形图,则由指导教师在实地确定勘探网的位置。

2)测设数据的计算。在所设计的勘探网上选定同一勘探线作为基线,在其上选取相距较远的交叉点作为基点,用图解法量取其坐标,确定其中一点为起始点,反算出两点间的坐标方位角。根据已知控制点和交叉点的设计坐标，计算出由该控制点用极坐标法或角度交会法进行测设其他勘探线所需要的数据，同时绘出测设草图。

3)勘探网的施测。将经纬仪安置在控制点上，按极坐标法测设起始基点。基线测设用直伸导线单向两次视距法测设，其闭合差小于 9 cm。测线测设用视距法测定，最大视距长度不超过 300 m。基点高程根据情况可用等外水准测量或三角高程测量方法测定。

(2)地质剖面测绘。测定勘探线方向上的剖面点(如铅孔、探井、地质点、地物点、地形特征点)的平面位置和高程，从而绘制地质剖面图。

6. *实训成果整理、技术总结和考核*

在实训过程中，所有外业观测数据必须记在测量手簿(规定的表格)上，如遇测错、记错或超限应按规定的方法改正；内业计算也应在规定的表格上进行。全部实训结束时，还要对测量实训进行技术总结报告。因此，在实训过程中应注意做好实训日记为成果整理做好准备。实训成果由个人成果和小组成果构成。个人实训成果有：计算成果表及技术总结报告；小组成果有仪器检校成果，控制测量观测记录手簿，成果计算表，碎部测量记录手簿，1∶500 比例尺地形图，线路纵、横断面测量记录计算表。

测量教学综合实训作为一门独立课程，应进行实训考核。考核的依据是：实训中的思想表现，出勤情况，对测量学知识的掌握程度，实际作业技能的熟练程度，分析问题和解决问题的能力，完成任务的质量，所交成果资料及仪器工具爱护的情况，实训报告的编写水平等方面。

成绩评定可以百分计，也可按优、良、中、及格、不及格计。

五、测量教学综合实训的程序和进度

测量教学综合实训的程序和进度应依据实际情况制订。既要保证在规定的时间内完成测量实训任务，又要注意保质保量地做好每一环节的工作，在实施中遇到雨、雪天气时，还要做到灵活调整，以使测量综合实训能够顺利进行。实训的程序和进度可参照表 3-1 安排。

表 3-1　测量教学综合实训程序进度表

实训项目	时　间	任务与要求
准备工作	1 天	实训动员、布置任务 设备及资料领取 仪器、工具的检验与校正
图根控制测量	4 天	测区踏勘、选点 水平角测量 边长测量 高程测量 控制测量内业计算
地形图测绘	8 天	图纸准备 碎部测量 地形图的拼接、检查及整饰

续 表

<table>
<tr><th>实训项目</th><th>时　间</th><th>任务与要求</th></tr>
<tr><td>地形图判读及应用</td><td>0.5 天</td><td>地形图定向
读图</td></tr>
<tr><td>点位测设</td><td rowspan="3">4 天</td><td>点位图上设计
测设数据计算
平面位置测设
高程位置测设</td></tr>
<tr><td>线路测量</td><td>线路图上设计
定线测量
中线测量
圆曲线测设
纵横断面图绘制</td></tr>
<tr><td>地质工程测量</td><td>勘探网的图上设计
勘探网的测设
地质剖面测绘</td></tr>
<tr><td>实训总结及考核</td><td>2 天</td><td>编写实训技术总结报告
考核:动手测试、笔试、口试</td></tr>
<tr><td>实训结束工作</td><td>0.5 天</td><td>仪器归还、成果上交</td></tr>
<tr><td>合　计</td><td>20 天(4 周)</td><td></td></tr>
</table>

表中所列内容有些属于各个专业必做的基本实训内容,有些内容可根据专业不同进行选择。

第二节　测量教学综合实训的准备工作

一、测区的准备

测区的准备一般在测量实训之前由教师先行实施。在测量教学综合实训之前应对所选定的测区进行考察,全面了解测区的基本情况,并论证其作为测区的可行性。如果是结合生产任务的实训,还应确认测区是否满足测量实训的要求,并与生产单位签订测量实训协议书。

测区确定后,根据需要还应事先建立测区首级控制网,进行测区首级控制测量,以获得图根测量所需的平面控制点坐标及高程(已知数据)。将首级控制点的位置展绘在大图纸上,按测量综合实训要求进行地形图的分幅。如图 3－1 所示为某校实训基地控制点位分布及地形图的分幅图(图幅尺寸 200 mm×200 mm)。

测区首级控制测量工作完成后,给各小组分发控制点成果表及测区地形图,为实训小组提供图根控制测量选点、测量、计算的依据。

	5 200–5 400	5 400–5 600	5 600–5 800	5 800–6 000	6 000–6 200	
9 900–9 700			36	23		9 900–9 700
9 700–9 500	26	107, 12		15		9 700–9 500
9 500–9 300	27	14				9 500–9 300
9 300–9 100				11	18	9 300–9 100
9 100–8 900	28		16		110, 36	9 100–8 900
8 900–8 700	102	29	33	37		8 900–8 700

图 3－1　××实训基地控制点位分布及地形图的分幅图

二、测量教学综合实训动员

实训动员是测量教学综合实训的一个重要环节。因此，在进入实训场地前，应进行思想发动，对各项工作都必须作系统、充分的安排。

实训动员由院、系领导主持，以大会的形式实施动员。第一，在思想认识上让学生明确实训的重要性和必要性。第二，提出实训的任务和计划并布置任务，宣布实训组织结构，分组名单，让学生明确这次实训的任务和安排。第三，对实训的纪律做出要求，明确请假制度，清楚作息时间，建立考核制度。在动员中，要说明仪器、工具的借领方法和损坏赔偿规定。指出实训注意事项，特别是注意人身和仪器设备的安全，以保证实训的顺利进行。实训动员对整个实训的进行有很重要的作用，务必重视。

实训动员结束后，应安排专门的时间按小组进行测量规范的学习，并将测量规范内容列为考核内容。同时还要组织同学学习《测量实训须知》，以保证在实训过程中严格执行有关规定。

三、测量实训仪器和工具的准备

1. 测量实训仪器和工具的领取

在测量综合实训中，要做各种测量工作，不同的工作往往需要使用不同的仪器。测量小组可根据测量方法配备仪器和工具。

在进行图根控制测量时，图根控制网原则上可采用经纬仪导线或经纬仪红外测距导线，以使同学们全面掌握导线测量的各个环节。碎部测量时，则可根据学校仪器设备的配置情况，采用数字测图的方法或经纬仪测图法。表3-2、表3-3给出了测量实训中一个小组须使用的仪器的参考清单。

表3-2　经纬仪导线或红外线测距导线测量设备一览表(图根控制测量)

仪器及工具	数　量	用　途
测区原有地形图	1张	踏勘、选点、地形判读
控制点资料	1套	已知数据
木桩、小钉	各约6个	图根点的标志
斧头	1把	钉桩
红油漆	0.1L	标志点位
毛笔	1支	画标志
水准仪及脚架	1套	水准测量
水准尺	2根	水准测量
尺垫	2个	水准测量
经纬仪及脚架	1套	水平角测量
标杆	2根	水平角及距离测量
测钎	1套	水平角及距离测量
红外测距仪带脚架或钢尺	1套 1把	距离测量
反射棱镜带基座脚架	2套	距离测量
记录板	1块	记录
记录、计算用品	1套	记录及计算

表 3-3 经纬仪测图设备一览表(碎部测量)

仪器及工具	数 量	用 途
测区地形图	1张	地形判读、草图勾绘
聚脂薄膜	1张	地形图测绘底图
经纬仪及脚架	1套	碎部测量
皮尺	1把	量距、量仪器高
水准尺	2把	碎部测量
斧子、小钉	1把、若干	支点
记录用品	1套	记录及计算
平板带脚架	1套	绘图
30cm 半圆仪	1个	绘图
三棱尺或复式比例尺	1个	绘图
三角板	1套	绘图
记录板	1块	记录
10 件绘图仪	1套	绘图
60cm 直尺或丁字尺	1根	绘制方格网
科学计算器	1个	计算
模板、擦图片、玻璃棒	各1个(块)	地形图整饰
铅笔、橡皮、小刀、胶带纸、小针、草图纸	若干	地形图测绘及整饰

2. 测量仪器检验与校正

借领仪器后,首先应认真对照清单仔细清点仪器和工具的数量,核对编号,发现问题及时提出解决。然后对仪器进行检查。

(1)仪器的一般性检查。

1)仪器检查。

仪器应表面无碰伤、盖板及部件结合整齐,密封性好;仪器与三脚架连接稳固无松动。

仪器转动灵活,制、微动螺旋工作良好。

水准器状态良好。

望远镜对光清晰,目镜调焦螺旋使用正常。

读数窗成像清晰。

全站仪等电子仪器除上述检查外,还须检查操作键盘的按键功能是否正常,反应是否灵敏;信号及信息显示是否清晰、完整,功能是否正常。

2)三脚架检查。三脚架是否伸缩灵活自如,脚架紧固螺旋功能是否正常。

3)水准尺检查。水准尺尺身平直,水准尺尺面分划清晰。

4)反射棱镜检查。反射棱镜镜面完整无裂痕,反射棱镜与安装设备配套。

(2)仪器的检验与校正。参考第二章测量课堂实训的相关内容。

四、技术资料的准备

除了课本教材外,在测量实训中,所采用的技术标准是以测量规范为依据的。故测量规范是测量实训中指导各项工作不可缺少的技术资料。

测量实训中所用到的规范见表3-4,可根据专业需要配备。

表3-4 测量常用的规范

规范名称	出版地	出版者	出版时间/年
中华人民共和国行业标准《城市测量规范》	北京	中国建筑工业出版社	2009
中华人民共和国国家标准《工程测量规范》	北京	中国建筑工业出版社	2008
中华人民共和国国家标准《1∶500 1∶1 000 1∶2 000地形图图式》	北京	中国标准出版社	2007
中华人民共和国行业标准《公路勘测规范》	北京	人民交通出版社	2007

第三节 图根控制测量

各小组根据地形图的分幅图了解小组的测图范围、控制点的分布,在此基础上在小组的测图范围建立图根控制网。在建立图根控制时,可以根据测区高级控制点的分布情况,布置成复合导线、闭合导线。在有些情况下,也可以采用图根三角建立控制网,本节以图根导线为例,说明图根控制的建立方法。图根导线测量的内容分外业工作和内业计算两个部分。

一、图根导线测量的外业工作

1. 踏勘选点

各小组在指定测区进行踏勘,了解测区地形条件和地物分布情况,根据测区范围及测图要求确定布网方案。选点时应在相邻两点都各站一人,相互通视后方可确定点位。

选点时应注意以下几点:

(1)相邻点间通视好,地势较平坦,便于测角和量边;

(2)点位应选在土地坚实、便于保存标志和安置仪器处;

(3)视野开阔,便于进行地形、地物的碎部测量;

(4)相邻导线边的长度应大致相等;

(5)控制点应有足够的密度,分布较均匀,便于控制整个测区;

(6)各小组间的控制点应合理分布,避免互相遮挡视线。

点位选定之后,应立即做好点的标记,若在土质地面上可打木桩,并在桩顶钉小钉或划

“十”字作为点的标志；若在水泥等较硬的地面上可用油漆画“十”字标记。在点标记旁边的固定地物上用油漆标明导线点的位置并编写组别与点号。导线点应分等级统一编号，以便于测量资料的管理。为了使所测角既是内角也是左角，闭合导线点可按逆时针方向编号。

2. 平面控制测量

(1)导线转折角测量。导线转折角是由相邻导线边构成的水平角。一般测定导线延伸方向左侧的转折角，闭合导线大多测内角。图根导线转折角可用6″级经纬仪按测回法观测一个测回。对中误差应不超过3 mm，水平角上、下半测回角值之差应不超过40″，否则，应予以重新测量。图根导线角度闭合差应不超过$\pm 40''\sqrt{n}$，n为导线的观测角度个数。

(2)边长测量。边长测量就是测量相邻导线点间的水平距离。经纬仪钢尺导线的边长测量采用钢尺量距；红外测距导线边长测量采用光电测距仪或全站仪测距。钢尺量距应进行往、返丈量，其相对误差应不超过1/3 000，特殊困难地区应不超过1/1 000，高差较大地方需要进行高差的改正。由于钢尺量距一般需要进行定线，故可以和水平角测量同时进行，即可以用经纬仪一边进行水平角测量，一边为钢尺量距进行定线。

(3)连测。为了使导线定位及获得已知坐标，需要将导线点同高级控制点进行连测。可用经纬仪按测回法观测连接角，用钢尺(光电测距仪或全站仪)测距。

若测区附近没有已知点，也可采用假定坐标，即用罗盘仪测量导线起始边的磁方位角，并假定导线起始点的坐标值(起始点假定坐标值可由指导教师统一指定)。

(4)高程控制测量。图根控制点的高程一般采用普通水准测量的方法测得，山区或丘陵地区可采用三角高程测量方法。根据高级水准点，沿各图根控制点进行水准测量，形成闭合或复合水准路线。

水准测量可用DS3级水准仪沿路线设站单程施测，注意前、后视距应尽量相等，可采用双面尺法或变动仪器高法进行观测，视线长度应不超过100 m，各站所测两次高差的互差应不超过6 mm，普通水准测量路线高差闭合差应不超过$40\sqrt{L}$(或$12\sqrt{N}$)式中L为水准路线长度的千米数，N为水准路线测站总数。

二、图根导线测量的内业计算

在进行内业计算之前，应全面检查导线测量的外业记录，有无遗漏或记错，是否符合测量的限差和要求，发现问题应返工重新测量。

应使用科学计算器进行计算，特别是坐标增量计算可以采用计算器中的程序进行计算。计算时，角度值取至秒，高差、高程、改正数、长度、坐标值取至毫米。

1. 导线点坐标计算

首先绘出导线控制网的略图，并将点名点号、已知点坐标、边长和角度观测值标在图上。在导线计算表中进行计算，计算表格格式参阅附表十。具体计算步骤如下：

(1)填写已知数据及观测数据。

(2)计算角度闭合差及其限差。

闭合导线角度闭合差：

$$f_\beta = \sum_{i=1}^{n}\beta - (n-2) \times 180^\circ$$

测左角复合导线角度闭合差：

$$f_\beta = \alpha_{始} + \sum_{i=1}^{n} \beta_{左} - n \times 180° - \alpha_{终}$$

测右角复合导线角度闭合差：

$$f_\beta = \alpha_{始} - \sum_{i=1}^{n} \beta_{右} + n \times 180° - \alpha_{终}$$

图根导线角度闭合差的限差：

$$f_{\beta容} = \pm 40'' \sqrt{n}$$

(3) 计算角度改正数。

闭合导线及测左角复合导线的角度改正数：

$$v_i = -\frac{f_\beta}{n}$$

测右角复合导线的角度改正数：

$$v_i = \frac{f_\beta}{n}$$

(4) 计算改正后的角度。

改正后角度：

$$\bar{\beta}_i = \beta_i + v_i$$

(5) 推算方位角。

左角推算关系式：

$$\alpha_{i,\ i+1} = \alpha_{i-1,\ i} \pm 180° + \bar{\beta}_i$$

右角推算关系式：

$$\alpha_{i,\ i+1} = \alpha_{i-1,\ i} \pm 180° - \bar{\beta}_i$$

(6) 计算坐标增量。

纵向坐标增量：

$$\Delta x_{i,\ i+1} = D_{i,\ i+1} \cos \alpha_{i,\ i+1}$$

横向坐标增量：

$$\Delta y_{i,\ i+1} = D_{i,\ i+1} \sin \alpha_{i,\ i+1}$$

(7) 计算坐标增量闭合差。

闭合导线坐标增量闭合差：

$$f_x = \sum \Delta x, \quad f_y = \sum \Delta y$$

复合导线坐标增量闭合差：

$$f_x = x_{起} + \sum \Delta x - x_{终}, \quad f_y = y_{起} + \sum \Delta y - y_{终}$$

(8) 计算全长闭合差及其相对误差。

导线全长闭合差：

$$f = \sqrt{f_x^2 + f_y^2}$$

导线全长相对误差：

$$k = \frac{f}{\sum D} = \frac{1}{\sum D / f}$$

图根导线全长相对误差的限差：

$$k_{容}=\frac{1}{2\ 000}$$

(9) 精度满足要求后，计算坐标增量改正数。

纵向坐标增量改正数：

$$v_{\Delta x_{i,i+1}}=-\frac{f_x}{\sum D}D_{i,i+1}$$

横向坐标增量改正数：

$$v_{\Delta y_{i,i+1}}=-\frac{f_y}{\sum D}D_{i,i+1}$$

(10) 计算改正后坐标增量。

改正后纵向坐标增量：

$$\overline{\Delta x_{i,i+1}}=\Delta x_{i,i+1}+v_{\Delta x_{i,i+1}}$$

改正后横向坐标增量：

$$\overline{\Delta y_{i,i+1}}=\Delta y_{i,i+1}+v_{\Delta y_{i,i+1}}$$

(11) 计算导线点的坐标。

纵坐标：

$$x_{i+1}=x_i+\overline{\Delta x_{i,\ i+1}}$$

横坐标：

$$y_{i+1}=y_i+\overline{\Delta y_{i,i+1}}$$

2. 高程计算

先画出水准路线图，并将点号、起始点高程值、观测高差、测段测站数（或测段长度）标在图上。在水准测量成果计算表中进行高程计算，计算位数取至毫米位。计算表格格式可参阅实训五。计算步骤为：

(1) 填写已知数据及观测数据。

(2) 计算高差闭合差及其限差。

闭合水准路线高差闭合差：

$$f_h=\sum h$$

复合水准路线高差闭合差：

$$f_h=H_{始}+\sum h-H_{终}$$

普通水准测量高差闭合差的限差：

$$f_{h容}=\pm 40\sqrt{L}\text{（平地）}$$

$$f_{h容}=\pm 12\sqrt{N}\text{（山地）}$$

式中，$L\left(L=\sum l\right)$ 为水准测量路线总长，km；$N\left(N=\sum n\right)$ 为水准测量路线测站总数；$f_{h容}$ 为限差，mm。

(3) 计算高差改正数。

高差改正数：

$$v_{i,i+1}=-\frac{f_h}{\sum n}n_{i,i+1} \text{或} v_{i,i+1}=-\frac{f_h}{\sum l}l_{i,i+1}$$

(4) 计算改正后高差。

改正后高差：

$$\bar{h}_{i,i+1}=h_{i,i+1}+v_{i,i+1}$$

(5) 计算图根点高程。

图根点高程：

$$H_{i+1}=H_i+\bar{h}_{i,i+1}$$

三、方格网的绘制及导线点的展绘

在聚脂薄膜上，使用打磨后的 5H 铅笔，按对角线法（或坐标格网尺法）绘制 20 cm×20 cm（或 30 cm×30 cm）坐标方格网，格网边长为 10 cm，其格式可参照《地形图图式》。

坐标方格网绘制好后检查以下 3 项内容：①用直尺检查各格网交点是否在一条直线上，其偏离值应不大于 0.2 mm；②用比例尺检查各方格的边长，与理论值（10 cm）相比，误差应不大于 0.2 mm；③用比例尺检查各方格对角线长度，与理论值（14.14 cm）相比，误差应不大于 0.3 mm。如果超限，应重新绘制。

坐标方格网绘制好后，擦去多余的线条，在方格网的四角及方格网边缘的方格顶点上根据图纸的分幅位置及图纸的比例尺，注明坐标，单位取至 0.1 km。

图 3-2 为绘制好的 40 cm×50 cm 图幅的方格网示意图。

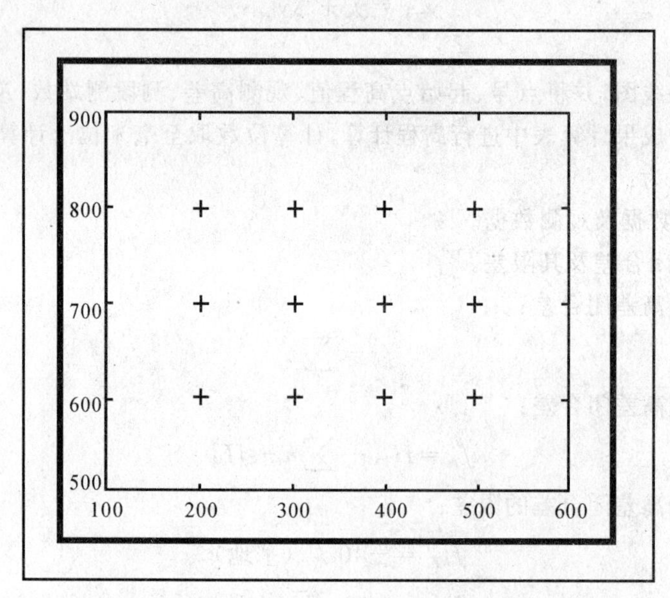

图 3-2　方格网示意图

在展绘图根控制点时，应首先根据控制点的坐标确定控制点所在的方格，然后用卡规再根据测图比例尺，在比例尺（复式比例尺或三棱尺）上分别量取该方格西南角点到控制点的纵、横向坐标增量；再分别以方格的西南角点及东南角点为起点，以量取的纵向坐标增量为半径，在方格的东、西两条边线上截点，以方格的西南角点及西北角点为起点，以量取的横向坐标增量为半径，在方格的南、北两条边线上截点，并在对应的截点间连线，两条连线的交点即为所展控制点的位置。控制点展绘完毕后，应进行检查，用比例尺量出相邻控制点之间的距离，与所测量的实地距离相比较，差值应不大于 0.3 mm，如果超限，应重新展点。在控制点右侧按图式标明图根控制点的名称及高程，如图 3－3 所示。

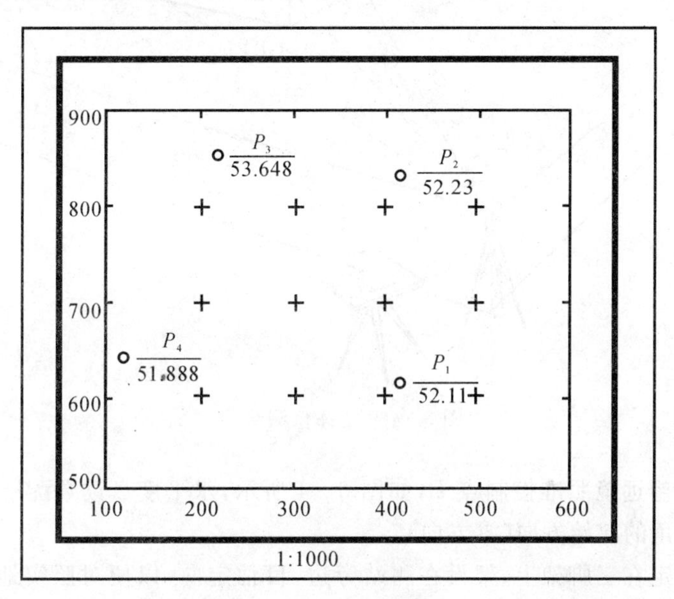

图 3－3　控制点展绘

方格网的绘制及导线点的展绘完成后，首先将浸泡后的大张白图纸裱糊在图板上，注意用卷成筒状的湿毛巾在裱糊在图板上的图纸面上擀，挤出图纸与图板间的空气，固定后晾干。然后将展有控制点的聚脂薄膜用胶带纸固定在白纸面上。

第四节　地形图测绘

一、经纬仪测绘法

各小组在完成图根控制测量全部工作以后，就可进入碎部测量阶段。

1. 任务安排

(1)按表 3－2 所列项目准备仪器及工具，进行必要的检验与校正。

(2)在测站上各小组可根据实际情况，安排观测员 1 人，绘图员 1 人，记录计算 1 人，跑尺 1～2 人。

(3)根据测站周围的地形情况，全组人员集体商定跑尺路线，可由近及远，再由远及近，按顺时针方向行进，合理有序，能防止漏测，保证工作效率，并方便绘图。

(4)提出对一些无法观测到的碎部点处理的方案。

2. 仪器的安置

(1) 在图根控制点 A(见图 3－4) 上安置(对中、整平) 经纬仪，量取仪器高 i，做好记录。

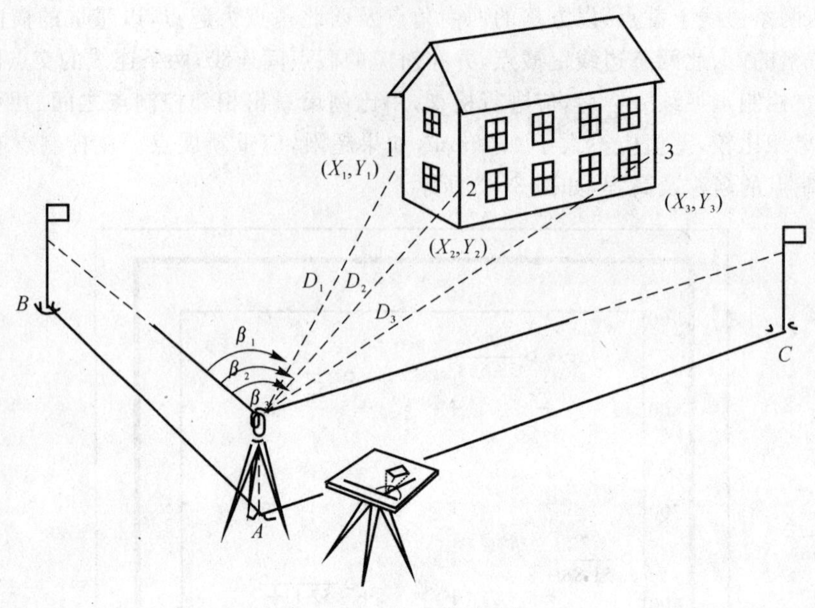

图 3 - 4　经纬仪测绘法

(2) 盘左位置望远镜照准控制点 B，如图 3 - 4 所示，水平度盘读数配置为 $0°00'00''$，即以 AB 方向作为水平角的起始方向(零方向)。

(3) 将图板固定在三脚架上，架设在测站旁边，目估定向，以便对照实地绘图。在图上绘出 AB 方向线，将小针穿过半圆仪(大量角器)的圆心小孔，扎入图上已展出的 A 点。

(4) 望远镜盘左位置瞄准控制点 C，读出水平度盘读数，该方向值即为 $\angle BAC$。用半圆仪再量取图上 $\angle BAC$，对两个角度进行对比，进行测站检查。

3. 跑尺和观测

(1) 跑尺员按事先商定的跑尺路线依次在碎部点上立尺。注意尺身应竖直，零点朝下。

(2) 经纬仪盘左位置瞄准各碎部点上的标尺，读取水平度盘读数 β；使中丝读数处在 i 值附近，读取下丝读数 b、上丝读数 a；再将中丝读数对准 i 值，转动竖盘指标水准管微倾螺旋，使竖盘指标水准管气泡居中，读取竖盘读数 L，做好记录。

(3) 计算视距尺间隔 $l=b-a$，竖直角 $\alpha=90°-L$ 或 $\alpha=L-90°$，用计算器计算出碎部点的距离($D=kl\cos^2\alpha$) 及碎部点的高程$\left(H=H_A+\dfrac{1}{2}kl\sin 2\alpha\right)$，将水平角度值 β、距离、碎部点的高程报告给绘图员。

(4) 绘图员按所测的水平角度值 β，将半圆仪(大量角器)上与 β 值相应的分划线位置对齐图上的 AB 方向线，则半圆仪(大量角器)的直径边缘就指向碎部点方向，在该方向上根据所测距离按比例刺出碎部点，并在点的右侧标注高程。高程注记至分米，字头朝北。所有地物、地貌应在现场绘制完成。

(5)每观测 20～30 个碎部点后，应重新瞄准起始方向检查其变化情况，起始方向读数偏差不得超过 $4'$。一个测站的工作结束后，还应进行检查，在确认地物、地貌无测错或测漏时才可迁站。仪器在下一站安置好后，还应对前一站所测的个别点进行观测，以检查前一站的观测是否有误。

4. 地物、地貌的测绘

绘图时应对照实地,边测边绘。

(1)地形图的拼接。由于对测区进行了分幅测图,因此在测图工作完成以后,需要进行相邻图幅的拼接工作。拼接时,可将相邻两幅图纸上的相同坐标的格网线对齐,观察格网线两侧不同图纸同一地物或等高线的衔接状况。由于测量和绘图误差的存在,格网线两侧不同图纸同一地物或等高线会出现交错现象,如果误差满足限差要求(见表 3-5),则可对误差进行平均分配,纠正接边差,修正接边两侧的地物及等高线。否则,应进行测量检查纠正。

表 3-5 地物点位和等高线高程中误差

地区类别	地物点中误差 mm	高程中误差(等高距)			
		平原区 (0°~2°)	丘陵区 (2°~6°)	山区 (6°~25°)	高山区 (25°以上)
城市建筑区	0.5				
平原丘陵区	0.5	1/3	1/2	2/3	1
山区高山区	0.75				

(2)地形图的整饰。地形图拼接及检查完成后就需要用铅笔进行整饰。整饰应按照先注记,后符号;先地物,后地貌;先图内,后图外的原则进行。注记的字型、字号应严格按照《地形图图式》的要求选择。各类符号应使用绘图模板按《地形图图式》规定的尺寸规范绘制,注记及符号应坐南朝北。不要让线条随意穿过已绘制的内容。按照整饰原则后绘制的地物和等高线在遇到已绘出的符号及地物时,应自动断开。

(3)地形图的检查。为了提交合格成果,地形图经过整饰后还须进行内业检查和外业检查。

1)内业检查。检查观测及绘图资料是否齐全;抽查各项观测记录及计算是否满足要求;图纸整饰是否达到要求;接边情况是否正常;等高线勾绘有无问题。

2)外业检查。将图纸带到测区与实地对照进行检查,检查地物、地貌的取舍是否正确,有无遗漏,使用图式和注记是否正确,发现问题应及时纠正;在图纸上随机地选择一些测点,将仪器带到实地,实测检查,重点放在图边。检查中发现的错误和遗漏,应进行纠正和补漏。

(4)成图。经过拼接、整饰与检查的图纸,可在肥皂水中漂洗,清除图面的污尘后,即可直接着墨,进行清绘后晒印成图。

第五节 建(构)筑物的图上布置及实地测设

一、建(构)筑物或线路的图上布置

在地形图的测绘工作完成并得到合格的地形图后,就可以在地形图上适合的位置设计一个简单的建筑物或构筑物,图解建筑物轴线交点或构筑物主点坐标,计算测设数据后则可实施放样。在数字测图中建(构)筑物的图上布置可以直接在计算机上进行,经纬仪法测图中可在

地形图纸上进行建筑(构)物设计。

1. 在计算机上实施建(构)筑物或线路的图上布置

(1)在 CASS 7.1 中打开所作的图形文件，锁定已编辑的图层，建立一个新图层作为当前设计图层。

(2)利用 AutoCAD 的绘图功能在屏幕显示的图上适合的位置设计一个简单的建(构)筑物或一条线路，注意所设计的对象最好在控制点附近，以便利用控制点进行测设。

(3)单击"工程应用\查询指定点坐标"命令，打开"捕捉"功能，用鼠标分别点取建筑物的轴线交点或者构筑物的主点或者道路交点，即特征点，则 CASS 7.1 系统在命令行给出指定点的测量坐标值(x,y)。

(4)单击"工程应用\查询两点距离及方位"功能，打开"捕捉"功能，用鼠标分别点取建筑物附近的控制点与特征点，则 CASS 7.1 系统在命令行显示所点取两点间的水平距离及方位角。

(5)如果用全站仪采用极坐标法进行放样，还可以用得到的方位角与已知方向相比较得出测设角度 β。

2. 在地形图纸上实施建筑(构)物或线路的布置

(1)在地形图纸的适合部位，设计一个简单的建筑物或构筑物，注意所设计的对象最好在控制点附近，以便利用控制点进行测设。

(2)在地形图纸上量出建筑物的轴线交点或者构筑物的主点坐标。

(3) 利用控制点坐标，以及图解得到的建筑物的轴线交点或者构筑物的主点坐标计算测设数据。控制点(x_K,y_K) 到测设点(x_C,y_C) 的距离及方位角的计算公式如下：

$$D_{KC}=\sqrt{(x_C-x_K)^2+(y_C-y_K)^2}$$

$$\alpha=\arctan\frac{y_C-y_K}{x_C-x_K},\qquad y_C-y_K>0,\ x_C-x_K>0$$

$$\alpha=180^\circ-\arctan\frac{y_C-y_K}{x_C-x_K},\quad y_C-y_K>0,\ x_C-x_K<0$$

$$\alpha=180^\circ+\arctan\frac{y_C-y_K}{x_C-x_K},\quad y_C-y_K<0,x_C-x_K<0$$

$$\alpha=360^\circ-\arctan\frac{y_C-y_K}{x_C-x_K},\quad y_C-y_K<0,x_C-x_K>0$$

则测设角度 β 可以用计算得到的方位角与已知方向相比较得出。

二、建(构)筑物或线路的实地测设

1. 用全站仪按极坐标法实施测设

(1)仪器安置好后，量取仪器高，做好记录。

(2)开机、初始化。

(3)瞄准后视点，水平度盘置零或输入后视方向的方位角。

(4)进入放样功能模式界面，输入测站点坐标、仪器高、棱镜高。

(5)选择放样数据模式界面中的水平距离放样模式，输入放样的水平距离值和放样水平角值(或放样方向的方位角值)。

(6)先放样角度或者方位角，然后在该方向上放样距离。

(7)在地面标定出所放样的点位。

(8)同法进行其他点位的放样。

(9)点位测设完毕后,对结果进行检核。边长测设容许相对误差应小于1/5 000,角度测设容许误差为1′。具体实施方法可参阅实训二十一。

第六节　测量教学综合实训的技术总结

测量教学综合实训是一项综合性的实践活动,在一定意义上测量教学综合实训又是实际测量工作的预演和浓缩。除了保质保量地进行前述各项工作外,做好测量教学综合实训的技术总结也是一个不可缺少的环节,它对于培养学生在今后的专业工作中撰写工作报告及技术总结有着不可估量的作用,也是提高学生实际工作能力的一个重要的方面。因此,必须做好测量教学综合实训的技术总结工作。

一、技术总结报告

测量教学综合实训结束后,每位同学都应按要求编写《技术总结报告》,其内容包括:

(1)项目名称,任务来源,施测目的与精度要求;

(2)测区位置与范围,测区环境及条件;

(3)测区已有的地面控制点情况及选点、埋石情况;

(4)施测技术依据及规范;

(5)施测仪器、设备的类型、数量及检验结果;

(6)施测组织、作业时间安排、技术要求及作业人员情况;

(7)仪器准备及检校情况;

(8)外业观测记录;

(9)观测数据检核的内容、方法,重测、补测情况,实测中发生或存在问题说明;

(10)图根控制网展点图;

(11)数字成图选用的软件及结果分析;

(12)建(构)筑物或线路等的图上设计;

(13)测设方案及测设数据的准备和计算;

(14)测设成果检查数据;

(15)成果中存在的问题及需说明的其他问题;

(16)测量教学综合实训中的心得体会;

(17)对测量教学综合实训实施的意见、建议。

二、上交成果

测量教学综合实训完成后,需上交实训成果。实训成果分小组成果和个人成果。小组成果包括:

(1)测量任务书及技术设计书;

(2)控制网展点图;

(3)控制点点之记;

(4)观测计划；

(5)仪器检校记录表；

(6)外业观测记录，包括测量手簿、原始观测数据等；

(7)外业观测数据的处理及成果；

(8)内业成图生成的图纸、成果表和磁盘文件或经过整饰的实测的地形图；

(9)测设方案实施报告；

(10)成果检查报告。个人成果包括测量实训技术总结报告。

三、成绩评定

实训考核由实训指导教师根据每组及每位同学所提交的实训成果的质量、实训期间的表现(包括出勤情况)、实训考查的成绩、实训纪律、仪器完好状况等综合评定，可按优、良、中、及格、不及格 5 级评分制评定成绩，也可按百分计。

附　录

附录一　测量课堂实训报告格式

测量课堂实训报告格式(一)

姓名__________学号__________班级__________指导教师__________日期__________

[实验名称]

[目的与要求]

[仪器和工具]

[主要步骤]

[各部件名称及作用]

部件名称	功　能
准星和照门	
目镜角焦螺旋	
物镜对光螺旋	
制动螺旋	
微动螺旋	
脚螺旋	
圆水准器	
管水准器	

[观测记录]

水准仪观测记录

点　名	后视读数	前视读数	高　差	备　注
1				仪器号
2				
3				
4				
5				
6				

[体会及建议]

[教师评语]

测量课堂实训报告格式(二)

姓名＿＿＿＿＿学号＿＿＿＿＿班级＿＿＿＿＿指导教师＿＿＿＿＿日期＿＿＿

[实验名称]

[目的与要求]

[仪器和工具]

[主要步骤]

[水准测量路线草图]

[数据处理]

水准测量成果计算表

点号	距离 m	测站	实测高差 m	高差改正数 mm	改正后高差 m	高程 m	辅助计算
							$f_h=$
							$f_{h容}=$
$\sum$							

[体会及建议]

[教师评语]

附录二 测量课堂实训表格

附表一 等外水准测量记录表

仪器号______ 班级______ 组别______ 观测者______ 记录者______ 日期______

测站	后视点 前视点	后视读数 m	前视读数 m	高 差 m	平均高差 m	改正数 mm	改正后 高差/m	高 程 m	备注
计算校核									

附表二　三、四等水准测量记录表

仪器号______　班级______　组别______　观测者______　记录者______　日期______

测站编号	后尺 下丝	前尺 下丝	方向及尺号	标尺读数 mm		K+黑−红 mm	高差中数 m	备注
	后尺 上丝	前尺 上丝						
	后距/m	前距/m						
	视距差 d/m	$\sum d$/m		黑面	红面			
			后					
			前					
			后一前					
			后					
			前					
			后一前					
			后					
			前					
			后一前					
			后					
			前					
			后一前					
			后					
			前					
			后一前					
			后					
			前					
			后一前					
校核								

水准测量成果计算表

点　号	距　离 m	测　站	实测高差 m	高差改正数 mm	改正后高差 m	高　程 m	辅助计算
$\sum$							

附表三　微倾式水准仪的检验与校正表

仪器号______　班级______　组别______　观测者______　记录者______　日期______

1. 一般性检验结果：

三脚架是否牢固__________

制动与微动螺旋是否有效__________

微倾螺旋是否有效__________

对光螺旋是否有效__________

脚螺旋是否有效__________

望远镜成像是否清晰__________

2. 圆水准器轴平行于仪器竖轴的检验与校正：

在对圆水准器轴与仪器竖轴是否平行的检校过程中，请用虚圆圈绘出下列情况下的气泡位置：

(a)仪器整平后；

(b)仪器转 180°后；

(c)校正时，用校正螺钉校正气泡的偏离量；

(d)用校正螺钉调整气泡偏离量的一半；

(e)仪器转 180°时再检验。

(a)　(b)　(c)　(d)　(e)

3. 在对十字丝横丝与仪器竖轴是否垂直的检校过程中，请在下图中绘出十字丝横丝与目标点的位置关系。

4. 水准仪的主要轴线有：

它们之间正确的几何关系是：

5. 对水准管轴与视准轴是否平行的检校记录：

仪器位置	项　目	第一次	第二次	第三次
在 A,B 两点中间安置仪器测高差	后视 A 点尺上读数 a_1			
	前视 B 点尺上读数 b_1			
	$h_{AB}=a_1-b_1$			
在 A 点附近安置仪器进行检校	A 点尺上读数 a_2			
	前视 B 点尺上读数 b_2			
	计算 $h'_2=a_2+h_{AB}$			
	偏差值 $\Delta b=b_2-b_2'$			
	是否需校正			

附表四　经纬仪读数记录表

仪器型号______　与编号______　班组______　观测者______　记录者______　日期______

测　站	目　标	竖盘位置	水平度盘读数 (°)(′)(″)	竖盘读数 (°)(′)(″)
		左		
		右		
		左		
		右		
		左		
		右		
		左		
		右		
		左		
		右		
		左		
		右		
		左		
		右		
		左		
		右		
		左		
		右		
		左		
		右		
		左		
		右		
		左		
		右		

附表五 经纬仪测回法测水平角记录表

日期：______年____月____日 天气：______ 仪器型号：____________组号：______

观测者：____________ 记录者：____________ 立棱镜者：____________

测点	盘位	目标	水平度盘读数 (°)(′)(″)	水平角		示意图
				半测回值 (°)(′)(″)	一测回值 (°)(′)(″)	
	左					
	右					
	左					
	右					
	左					
	右					
	左					
	右					
	左					
	右					
	左					
	右					

附表六　水平角观测(方向观测法)记录表

仪器号＿＿＿＿　班级＿＿＿＿　组别＿＿＿＿　观测者＿＿　记录者＿＿　日期＿＿

测站	测回数	目标	读数		2c (″)	平均读数 (°)(′)(″)	归零后方向值 (°)(′)(″)	各测回归零方向值的平均值 (°)(′)(″)
			盘左 (°)(′)(″)	盘右 (°)(′)(″)				

附表七　竖直角观测记录表

仪器号______　班级__________　组别__________　观测者__________　记录者______　日期____

测　站	目　标	盘　位	竖盘读数	半测回竖直角	指标差	一测回竖直角	备　注
		左					
		右					
		左					
		右					
		左					
		右					
		左					
		右					
		左					
		右					
		左					
		右					
		左					
		右					
		左					
		右					
		左					
		右					
		左					
		右					

附表八　经纬仪的检验与校正表

视准轴应垂直于横轴的检验记录

仪器号____班级____组别______观测者______记录者______日期____

测站	竖盘位置	目标	水平盘读数	$a_1 = a_2 \pm 180°$	检验结果是否合格
	盘左	P			
	盘左	P			

视准轴应垂直于横轴的校正记录表

仪器号____班级____组别______观测者______记录者______日期____

测站	竖盘位置	目标	水平盘读数	盘右水平盘的正确读数 $a=\frac{1}{2}[a_2+(a_1\pm180°)]$
	盘左	P		
	盘右	P		

竖盘指标差的检验与校正记录表

仪器号____班级____组别______观测者______记录者______日期____

检验	测站	目标	竖盘位置	竖盘读数 (°)(′)(″)	指标差 (″)	校正	竖盘位置	目标	正确读数 R_x
	A	B	左				盘右	B	
			右						

附表九　距离测量计算表

平坦地面量距记录

尺号____　尺长____　班组____　观测者____　记录者____　单位

直线编号	测量方向	整尺段长 $n\times 1$	余长 q	全长 D	往返平均值 $\overline{D}$	相对误差 K	备　注
	往						
	返						
	往						
	返						
	往						
	返						
	往						
	返						

斜量法记录

尺号____　尺长____　班组____　观测者____　记录者____　单位

直线编号	测量方向	斜距 L	倾斜角 θ	全长 D	往返平均值 $\overline{D}$	相对误差 K	备　注
	往						
	返						
	往						
	返						
	往						
	返						
	往						
	返						

附表十　罗盘仪测磁方位角记录表

仪器号　　班组　　观测者　　　　记录者　　　　日期

直　线	正方位角	反方位角	平均方位角	互　差	备　注
AB					
BC					
CD					
DE					
EF					
FA					

附表十一 导线坐标计算表

班组______ 计算______ 校核______ 日期______ 单位______

点号	内角		方位角	边长	坐标增量		改正后增量		坐标		点号
	观测值	改正后			ΔX	ΔY	ΔX	ΔY	X	Y	
1	2	3	4	5	6	7	8	9	10	11	12
Σ									图略：		
辅助计算											

附表十二 经纬仪碎部测量记录表

仪器号______ 班组______ 观测者______ 记录者______ 日期______ 天气______ 单位______

测站	点号	水平角	上丝	下丝	尺间隔	竖盘读数	竖角	平距	高差	高程	备注

附表十三　井下水准测量表

工作地点＿＿＿＿＿＿　观测者＿＿＿＿＿＿　仪器＿＿＿＿＿＿

日　　期＿＿＿＿＿＿　记录者＿＿＿＿＿＿　扶尺＿＿＿＿＿＿

测站	测点	水准尺读数		高差 m	平均高差 m	高程 m	测点位置	备注与草图
		后视 mm	前视 mm					

附表十四　三角高程观测记录表

工作地点________________　观测者________________　仪器__________

日　　期________________　记录者________________

测站	仪器高	觇标	觇标高	竖盘位置	竖盘读数 (°)(′)(″)	半测回竖直角 (°)(′)(″)	指标差 (″)	一测回角值 (°)(′)(″)	照准目标位置

附表十五 三角高程计算表

日期：______________ 计算：__________

观测：______________ 校核：__________

测 站				
目标				
竖直角 δ				
倾斜距 L				
$L\sin\delta$				
仪器高 i				
觇标高 v				
高差 h				
平均高差				
起算点高程 H_0				
待定点高程 H				
备注与草图				

附表十六　井下挂罗盘测量表

工作地点：__________　　观测者：__________　　记录者：__________

日　　期：__________　　仪　器：__________　　磁偏角：__________

起至点	斜长/m	倾角	平均倾角	磁方位角	平均磁方位角	水平边长	高差	高程	备注和草图

附表十七　面积测量记录表

仪器__________　班组__________　姓名__________　日期__________

测轮位置		轮　左		轮　右	
读数次数		第一次读数	第二次读数	第一次读数	第二次读数
测轮读数	起　始				
	终　结				
	差　数				
平　均					
已知面积					
图形面积					
实地面积					

参考文献

[1] 顾孝烈,等. 测量学. 上海:同济大学出版社,2009.
[2] 陈社杰. 测量学与矿山测量. 北京:冶金工业出版社,2007.
[3] 李生平,等. 建筑工程测量学. 北京:高等教育出版社,2002.
[4] 许能生,等. 工程测量学. 北京:科学出版社,2009.
[5] 何沛锋,等. 矿山测量学. 北京:中国矿业大学出版社,2005.
[6] 张国良. 矿山测量学. 北京:中国矿业大学出版社,2001.
[7] 高井祥. 测量学. 北京:中国矿业大学出版社,2004.
[8] 刘福臻. 数字化测图教程. 成都:西南交通大学出版社,2008.
[9] 蔡文惠. 测量学基础与矿山测量. 西安:西北工业大学出版社,2010.